本图集由国家重点研发计划项目（2018YFC1406103）、国家自然科学基金面上项目（42375175）联合资助

北极海冰与航道

——现代演变与未来预估图集

魏婷　丁明虎　效存德　汪楚涯　主编

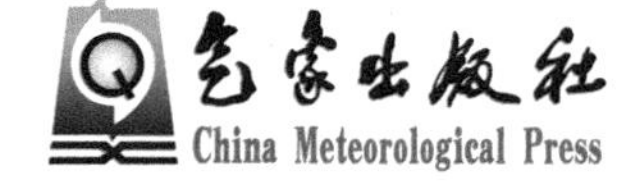

内容简介

北极航道是穿过北冰洋、连接大西洋和太平洋的海上最短运输路线。北极航道的可通航性主要受北极海冰冰情控制，同时受到北冰洋气象和水文条件影响。航道的开通与否在地缘政治、交通运输、资源经济和地区治理等方面具有重要的战略意义。本图集基于国内外卫星数据产品，展示了自有卫星观测以来1979—2022年北极海冰密集度、海冰厚度、通航季航道沿线海冰风险和气象风险的逐年演变及其风险分布；基于国际最新的第六次耦合模式比较计划的多模式预估数据等，系统预估并展示了高、中、低排放情景下21世纪北极海冰密集度、海冰厚度、北极航道的航线分布、通航概率、通航周期等特征的时空演变；呈现了从过去40多年到未来百年的北极海冰和航道的完整演变图像。

图书在版编目（CIP）数据

北极海冰与航道 ： 现代演变与未来预估图集 / 魏婷等主编. -- 北京 ： 气象出版社, 2024. 7. -- ISBN 978-7-5029-8257-7

Ⅰ. P731.15-64；U612.32-64

中国国家版本馆CIP数据核字第202450H9K3号

北极海冰与航道——现代演变与未来预估图集

BEIJI HAIBING YU HANGDAO —— XIANDAI YANBIAN YU WEILAI YUGU TUJI

出版发行：气象出版社

地　　址：北京市海淀区中关村南大街46号　　**邮　　编**：100081

电　　话：010-68407112（总编室）　010-68408042（发行部）

网　　址：http://www.qxcbs.com　　**E - mail**：qxcbs@cma.gov.cn

责任编辑：蔺学东　　**终　　审**：张　斌

责任校对：张硕杰　　**责任技编**：赵相宁

封面设计：楠竹文化

印　　刷：北京建宏印刷有限公司

开　　本：787 mm × 1092 mm　1/16　　**印　　张**：7

字　　数：202千字

版　　次：2024年7月第1版　　**印　　次**：2024年7月第1次印刷

定　　价：80.00元

《北极海冰与航道——现代演变与未来预估图集》

编　委　会

主　　编： 魏　婷　丁明虎　效存德　汪楚涯

编写人员： 刘婷婷　祁　威　陈悦丽　王　赛　吕俊梅

编写单位： 中国气象科学研究院

北京师范大学

武汉大学

前　言

Preface

北极是全球变暖速率最快的区域，其增温幅度超过全球平均水平的2～4倍。在北极大气迅速增暖的背景下，卫星观测显示，自1979年以来北极全年海冰面积大幅减小，尤其在海冰面积最小的9月，海冰面积从1979年的620万km^2减小到2020年的380万km^2，减幅高达40%（Moon et al.，2021）。同时，北极海冰类型也发生了显著的变化，1980—2008年北极多年冰（>4年）几乎被一年冰取代，造成北冰洋平均海冰厚度减小了1.3～2.3 m（Perovich et al.，2020）。北极季节性海冰融化期提前而冻结期推迟（Mortin et al.，2016；Bliss et al.，2017），与夏季海冰面积的急剧减小一起，共同造成了北极开放水域期延长（Parkinson，2014；Peng et al.，2018），为船舶在北极航行提供了有利的条件，因而全球变暖背景下的北极可通航性成为关系到全球共需的国际前沿问题。

北极航道是指北极地区连接大西洋和太平洋的海上航线。北极航道主要由三条航线组成，即东北航道、西北航道和中央航道。东北航道和西北航道构成了当今北极的两大商业航线，尤其东北航道承载了绝大部分的北极海上运输。目前，北极航运占全球航运流量的10%以上（Eguíluz et al.，2016）。北极理事会海洋环境保护工作组报告显示（PAME，2020），2013—2019年，进入北极的船舶数量增长了25%，航行总里程增加了75%，达950万海里[①]。就我国而言，自2013年中国“永盛”轮首航北极东北航道至2021年底，已完成北极商运56个航次，节省航运里程超过16万海里。

北极航道的开通具有巨大的经济战略价值。一旦北极航道全面投入商业运营，联系欧洲、北美与东北亚的海上便捷通道将被开启，北极航线要比传统远

① 1海里≈1852 m。

洋运输航线航程大大缩短，这意味着传统的远洋运输格局和国际贸易格局将发生重大改变。同时，伴随着新航道的开通，船舶建造、货运代理、仓储转运、海洋信息服务等沿线许多相关产业会迅速崛起和发展，促进一些港口、城市迅速壮大，吸引大批人口向北极地区迁移，最终形成以俄罗斯、北美、北欧为主体的超强“环北极经济圈”，这一系列可以预见的变化将改变世界航运格局和产业发展格局，并对区域经济发展产生广泛而深远的影响。随着全球变暖，海冰融化，北极航道的开通将成为现实，评估和预估北极海冰变化，定量研究北极航道的可通航性，是应对气候变化的重要方面，对国家战略决策的制定具有重要的参考价值。

图集第 1、2 章简要介绍北极航道背景及本图集所用的数据和方法，第 3 章展示历史时期北极海冰的演变特征，第 4 章评估历史时期北极航道通航风险，第 5 章预估 21 世纪北极海冰的演变特征，第 6 章预估 21 世纪北极航道的可通航性。

本图集得到了“格陵兰冰盖监测、模拟及气候影响研究”（2018YFC1406103）和“净零排放目标下北极航道可通航性及其对全球贸易格局的影响”（42375175）项目的支持。同时，中国气象科学研究院全球变化与极地气象研究所和北京师范大学地表过程与资源生态国家重点实验室为本团队提供了研究平台，提供了充足的条件和大力支持，成为图集编制工作开展的可靠依托。此外，感谢为本图集进行专业审稿、提出修改意见和建议的专家，以及所有为本图集撰写付出艰辛劳动的管理、科研工作者和研究生。

由于作者水平有限，不足和疏漏之处在所难免，敬请读者批评指正。

编 者

2023 年 10 月

目 录

第1章

北极航道简介

北极航道是指北极地区连接大西洋和太平洋的海上航道。具体来说，该航道主要由三条航线组成，即东北航道、西北航道和中央航道（图 1.1）。

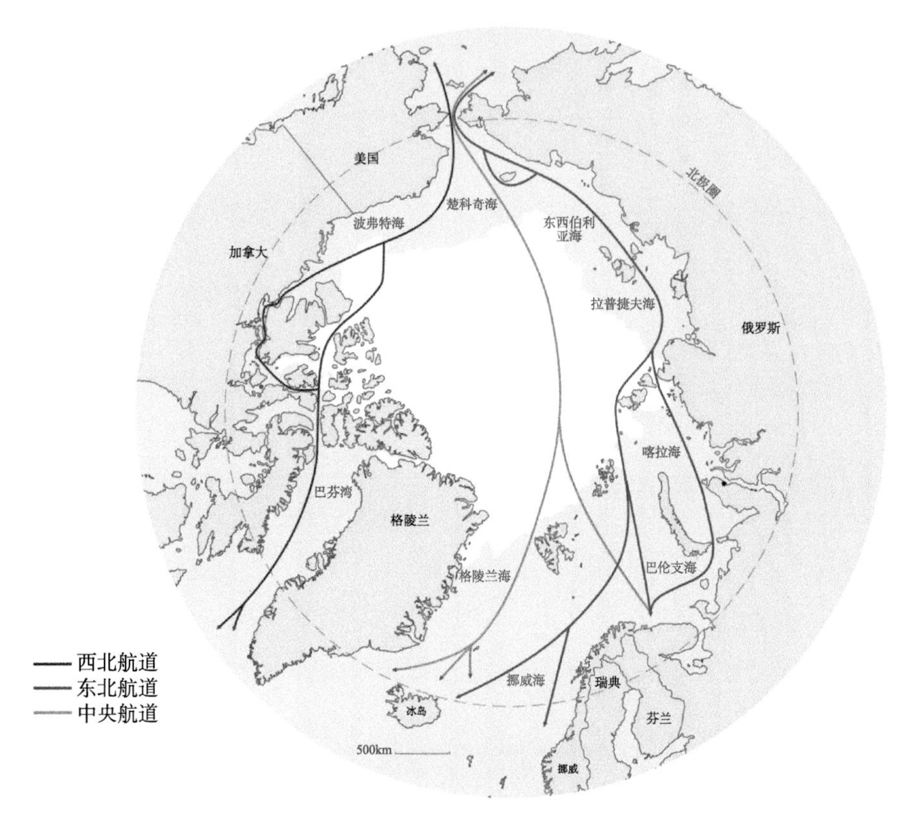

图 1.1　北极航道示意图

（引自北极研究所（The Arctic Institute），https://www.thearcticinstitute.org/）

东北航道临近亚欧大陆，通常是指从东北亚出发，向西穿过太平洋的白令海，经北冰洋南部的楚科奇海、东西伯利亚海、拉普捷夫海、喀拉海、巴伦支海、挪威海，直到北欧的海运通道。西北航道临近北美大陆，大部分航段位于加拿大北极群岛水域，从白令海峡向东沿美国阿拉斯加北部离岸海域，穿过加拿大北极群岛，直到巴芬湾戴维斯海峡。中央航道（或称穿极航道）是一条穿越北冰洋中央公海海域，联通太平洋和大西洋的近直线航道，理论上它具有最短的海上运输距离，但由于北冰洋中央海域被多年海冰覆盖，适航性差，仅有科考船对该航道进行调查性航行，尚无商船经过。

东北航道和西北航道构成了当今北极的两大商业航线，尤其东北航道承载了绝大部分的北极海上运输。目前，东北航道年通航窗口期达到 5 个月（7—11 月），其中 9 月航次占比最高，全年其他月份也有少量船只通过（CHNL，2019）。西北航道可通航年份和时间缺乏规律性，通航窗口期集中在 8—9 月（Howell et al.，2004；Eguíluz et al.，2016）。2002—2018 年，西北航道年度可通航时间最短时仅有 14 天，最长达到 80 天（汪楚涯 等，2020），不具备稳定的通航条件。

第2章 数据和方法

本图集所用数据包含国内外多套海冰数据产品、大气再分析产品、地形数据以及参加第六次耦合模式比较计划（CMIP6）的多个全球气候系统模式数据产品。计算方法除常用的统计方法和航道计算方法之外，还包含了本图集项目组新开发的北极通航风险计算方法和模式海冰误差订正方法等。

2.1 数据

2.1.1 海冰密集度数据

海冰密集度（sea ice concentration，SIC）定义为给定海域的海冰覆盖率（%）。SIC 可用于展示海冰的空间分布，也是计算海冰范围（sea ice extent，SIE；即海冰覆盖率至少达到 15% 的海区总面积）的基础数据。

基于被动微波遥感反演的 SIC 数据种类繁多，不同科研机构采用不同的卫星传感器和不同的反演算法，得到的海冰密集度数据结果也不尽相同。本图集所用的海冰遥感数据包括加拿大冰服务数字档案（CISDA）数据集、美国雪冰中心（NSIDC）的 PM-SIC 数据集、德国不莱梅大学提供的 2002—2018 年高分辨率逐日海冰密集度产品。

本图集使用 CISDA 数据集评估西北航道的历史（1979—2019 年）海冰风险变化。CISDA（https://iceweb1.cis.ec.gc.ca/Archive/page1.xhtml）是加拿大冰务局提供的加拿大水域每周冰图的汇编，它整合了来自各种卫星传感器、空中侦察、船舶报告、模型和经验丰富的冰情预报员的专业知识等所有可用的实时海冰信息，时间跨度从 1968 年至今。在冰融化季节，CISDA 整体上比扫描多通道微波辐射计（SMMR）和特殊传感器微波/成像仪（SSM/I）被动微波数据中得出的海冰密集度更准确（它们均采用美国国家航空航天局（NASA）团队的算法）。此外，冰图包括了按照冰的类型划分的海冰密集度，如一年冰和老冰，这对了解航道的主要海冰组成有重要作用。CISDA 还建立了冰系区域，我们据此划分了西北航道的北线和南线的区域。

NSIDC 的 PM-SIC 数据集（https://nsidc.org/data/nsidc-0051/versions/2）覆盖时间范围是 1979 年至今，空间分辨率是 25 km，早期使用的是搭载在 Nimbus-7 卫星上的 SMMR 传感器，之后使用的传感器包括搭载在美国国防气象卫星 DMSP-F8 上的 SSM/I、搭载在 DMSP-F11 卫星上的 SSM/I 和搭载在 DMSP-F13 卫星上的 SSM/I，目前使用的是搭载在 DMSP-F17 卫星上的 SSMIS（Special Sensor Microwave Imager/Sounder）传感器。通过 NASA 戈达德太空飞行中心发展的 Bootstrap 算法将卫星的多传感器获取到的多种变量进行反演获得海冰密集度数据。

武汉大学南极测绘研究中心基于被动微波传感器数据研制了区分海冰类型的北极海冰密集度产品（Liu et al.，2022），空间分辨率为 3.125～6.25 km，时间跨度为 2002—

2020 年，时间分辨率为逐日。主要使用 AMSR-E 和 AMSR2 这两种多频双偏振微波辐射计数据。其中 AMSR-E 搭载在 NASA 卫星 Aqua 上，其数据时间范围为 2002—2011 年。AMSR2 作为 AMSR-E 的“继任者”，搭载在卫星 Shizuku（GCOM-W1）上，于 2012 年起提供数据至今。数据研制使用的方法为自主研发的一种考虑空间邻域像元的海冰密集度提取方法（NCLS-TV）。该方法顾及空间关系，突破了极区海冰边缘区密集度低估的关键问题，通过与船测数据、高分辨率影像数据及多种海冰密集度方法对比评估，精度提高超过 10%，可获得多种类型海冰的密集度。

2.1.2　海冰厚度数据

海冰厚度数据采用华盛顿大学研发的泛北极海冰 - 海洋模拟和同化系统数据集（PIOMAS）（Zhang et al.，2003）。PIOMAS 使用耦合的海洋和海冰模式，其中并行海洋模式 POP 由洛斯阿拉莫斯国家实验室开发，垂直方向有 30 层；海冰模式 TED 包含 12 种海冰厚度和焓分布，其中冰的力学遵循泪滴黏性塑性流变和冰脊的力学再分布函数，该模型还使用 Flato 等（1995）根据雪分布守恒方程计算出的 12 类雪深。PIOMAS 被嵌套于全球模式中，平均水平分辨率为 22 km，模式由第一代 NCEP-NCAR 再分析产品的大气表面资料驱动，具有同化海冰密集度、海冰速度和海表面温度的能力，但目前没有吸收任何来自卫星观测的海冰厚度数据。PIOMAS 输出 1979 年到目前接近实时的逐日 / 月的北极海冰厚度和体积的时空完整数据产品。通过卫星、潜艇、空中和现场观测对比，已经验证了 PIOMAS 在泛北极海冰平均厚度及其空间变异格局的估计上有较好精度（Zhang et al.，2003; Schweiger et al.，2011; Stroeve et al.，2014; Wei et al.，2020）。目前 PIOMAS 海冰厚度数据被气候学界广泛用于监测与北极放大效应有关的海冰变化、进行气候敏感性研究、验证海冰的统计和动力学模拟，以及比较新的基于卫星的海冰厚度产品。

2.1.3　大气再分析数据

ERA5 是欧洲中期天气预报中心（ECMWF）开发的第五代大气再分析数据集。该数据集提供了时间跨度为 1950 年至今，空间分辨率为 0.1°～0.5°，时间分辨率为小时 / 日 / 月尺度的大气、陆地和海洋多种天气气候变量数据。ERA5 取代了其前身 ERA-Interim 再分析产品，在时空分辨率和参数化方面都进行了改进和提高，以更好地表述小尺度系统。ERA5 产品已广泛应用于天气气候学研究中，并被大量观测数据和模拟试验所验证，具有良好的精度。本图集使用 ERA5 数据集中的 10 m 风速、2 m 气温和云液态水含量来统计和分析过去 41 年（1979—2019 年）的气象风险。

2.1.4 全球水深地形数据

美国国家海洋和大气管理局（NOAA）下属的美国国家地球物理数据中心（NGDC）发布的全球地形模型 ETOPO1 数据被用来评估水道深度风险。ETOPO1 是一个 1 弧分的地球表面全球模型，整合了陆地地形和海洋水深测量。ETOPO1 中使用的水深测量、地形和海岸线数据来自 NGDC、南极数字数据库（ADD）、欧洲冰盖建模倡议（EISMINT）、南极研究科学委员会（SCAR）、日本海洋数据中心（JODC）、里海环境规划署（CEP）、地中海科学委员会（CIESM）、NASA、NSIDC、斯克里普斯海洋研究所（SIO）和莱布尼茨波罗的海洋研究所（LIBSR）等十余个机构。此外，ETOPO1 垂直参考海平面，水平参考 1984 年世界大地测量系统（WGS84），所以海底为负数，山地为正数。

2.1.5 海冰模拟预估数据

本报告中用于北极海冰和航道预估的数据来自 16 个参与第六次耦合模式比较计划（CMIP6）的气候系统模式（表 2.1）在 SSP1-2.6、SSP2-4.5 和 SSP5-8.5 三种情景下的模拟结果。IPCC 考虑到协同气候变化科学、影响、脆弱性与适应、减缓气候变化等闭环研究，推出了考虑社会经济发展状况的共享社会经济路径（SSP）情景。2015 年 CMIP6 启动，采用共享社会经济路径和典型浓度路径组合的新情景，SSP1-2.6、SSP2-4.5 和 SSP5-8.5 是 3 种从低到高的辐射强迫情景，三种情景下 21 世纪末温升幅度分别为约 1.8 ℃、2.7 ℃和 4.4 ℃。模式数据覆盖 2020—2100 年，时间分辨率为月，各模式具有不同的空间分辨率，在计算之前将其统一插值为 25 km × 25 km。

表 2.1　模式数据概况

模式名	机构	海冰模式	水平分辨率	参考文献
ACCESS-CM2	CSIRO-ARCCSS	CICE5.1.2	三极网格 360 × 300（纬向 × 经向）	Bi et al.，2020
ACCESS-ESM1-5	CSIRO	CICE4.1	三极网格 360 × 300（纬向 × 经向）	Ziehn et al.，2020
CESM2	NCAR	CICE5.1	三极网格 384 × 320（纬向 × 经向）	Danabasoglu et al.，2020
CESM2-WACCM	NCAR	CICE5.1	三极网格 384 × 320（纬向 × 经向）	Marsh et al.，2013
EC-Earth3	EC-Earth-Consortium	L IM3	三极网格 362 × 292（纬向 × 经向）	Döscher et al.，2021
EC-Earth3-Veg	EC-Earth-Consortium	LIM3	三极网格 362 × 292（纬向 × 经向）	Wyser et al.，2020
GFDL -CM4	NOAA-GFDL	GFDL -SIM4p25	三极网格 1440 × 1080（纬向 × 经向）	Held et al.，2019
GFDL-ESM4	NOAA-GFDL	GFDL-SIM4p5	三极网格 720 × 576（纬向 × 经向）	Dunne et al.，2020

续表

模式名	机构	海冰模式	水平分辨率	参考文献
IPSL-CM6A-LR	IPSL	NEMO-LIM3	三极网格 362×3322（纬向 × 经向）	Boucher et al., 2020
MIROC6	MIROC	COCO4. 9	三极网格 360×256（纬向 × 经向）	Tatebe et al., 2019
MPI-ESM1-2-HR	MPI-M	未命名	三极网格 802×404（纬向 × 经向）	Muiller et al., 2018
MPI-ESM1-2-LR	MPI-M	未命名	偶极网格 256×220（纬向 × 经向）	Mauritsen et al.，2019
MRI-ESM2-0	MRI	MRI COM4.4	三极网格 360×364（纬向 × 经向）	Yukimoto et al.，2019
NESM3	NUIST	CICE4.1	三极网格 384×362（纬向 × 经向）	Cao et al., 2018
NorESM2-LM	NCC	CICE5	三极网格 384×360（纬向 × 经向）	Seland et al., 2020
NorESM2-MM	NCC	CICE5	三极网格 384×360（纬向 × 经向）	Seland et al., 2020

此外，本图集中还使用了美国 NCAR 的通用气候系统模式（CESM）的大集合试验 LE 提供的 RCP8.5 情景下 1920—2100 年的 40 个成员的海冰模拟数据，其数据分辨率约为 1°。已有研究表明，CESM-LE 合理地捕捉了北极海冰密集度的变化趋势，通过对大量的集合成员进行平均，可减小模拟结果的不确定性。

2.2　研究方法

2.2.1　统计方法

为保证数据空间分辨率的一致性，首先采用双线性插值方法，将海冰厚度、气象观测和海冰模拟预估数据插值到同观测的海冰密集度一致的 25 km × 25 km 网格上。变化趋势采用最小二乘法计算线性趋势。

2.2.2　模式偏差订正方法

为了确保未来海冰和航道预估结果的可靠性，评估 CMIP6 模式在模拟观测的北极海冰空间分布方面的性能是至关重要的。我们发现，大多数 CMIP6 模式对海冰密集度分布的模拟能力有限，16 个模式中有 14 个模型的均方根误差＞0.5（其中 5 个模式＞1），但模式与观测的相关系数较高。CMIP6 模式预测海冰厚度的能力有很大的差异，模拟与观测的相关系数范围为＜0.1 到＞0.85 不等。然而，16 个 CMIP6 模式的均方根误差都相对较大（>0.5），其中 7 个模式的均方根误差>1。因此，本报告采用均值和方差订正方法（式（2-1）），采用观测资料对模式模拟的海冰密集度和海冰厚度结果进行订正。

$$M^* = (M - \bar{M})\frac{\sigma_{O_h}}{\sigma_{M_h}} + \bar{M}\frac{\bar{O}_h}{\bar{M}_h} \tag{2-1}$$

式中，M^* 和 M 是订正后和原始的模式输出结果，$\bar{M}$ 是 M 的 11 年滑动平均值，$\bar{O}_h$ 和 $\bar{M}_h$ 分别是 1979—2014 年观测和模拟的平均值，σ_{O_h} 和 σ_{M_h} 分别是 1979—2014 年去趋势的观测值和模拟值的标准差。

对比研究表明，偏差订正后的模式模拟能力有了明显的提高，模式间的差异也大大减小。对于海冰密集度和海冰厚度，模拟与观测的空间相关系数均>0.9，均方根误差<0.5。从多模式集合均值看，订正后的海冰密集度和海冰厚度明显消除了原始模式输出的空间偏差，与观测值具有较高的空间一致性（图 2.1）。这些结果表明，这种订正技术提高了模式的模拟技巧。因此，首先对模式的预估结果进行订正，其次再来估计 21 世纪的海冰和航运路线的演变，有助于减小预估结果的不确定性，提高预估的可信度。

2.2.3 可通航性计算方法

北极航线的计算分两个步骤：首先，计算船舶和北极航线的技术可进入性，其次，寻找最快的北极航线。在第一步中，我们使用 Stephenson 等（2011）的方法来计算船舶的技术可进入性，这是由海冰厚度和船舶的能力决定的。确切地说，是指一艘船以一种可控的方式进入一种特定的冰的能力。然后计算各航道的航行路径，利用船速关系计算所有可达网格的船舶航行时间。然后，在地理信息系统中，利用最小代价路径算法，得到出发地和目的地之间累积时间最短的最优通航路径。本图集以 PC6 船（中等能力破冰船）和 OW 船（普通商船）为代表，计算航道的可通航性。

2.2.4 通航风险计算方法

（1）海冰风险的分类与计算

海冰风险用RIO值表示，它是由不同类型的海冰密集度通过POLARIS转换而来的。POLARIS 是国际海事组织提出的一种确定船舶在海冰中的能力和限制的方法，其原理是结合船舶的冰级来评估各种冰情对船舶造成的风险。不同冰级船舶的冰上航行风险指数在 POLARIS 中被分配，与 12 种特定的冰类型有关。冰系中的每个冰型都有一个风险值（RV），由船舶的冰级决定，而 RIO 是所有冰型 RV 的集合。具体计算方法如下：

$$\text{RIO} = C_1\text{RV}_1 + C_2\text{RV}_2 + C_3\text{RV}_3 + \cdots + C_n\text{RV}_n \tag{2-2}$$

式中，C_1，C_2，…，C_n 为各类冰的海冰密集度，RV_1，RV_2，…，RV_n 为特定船舶对应

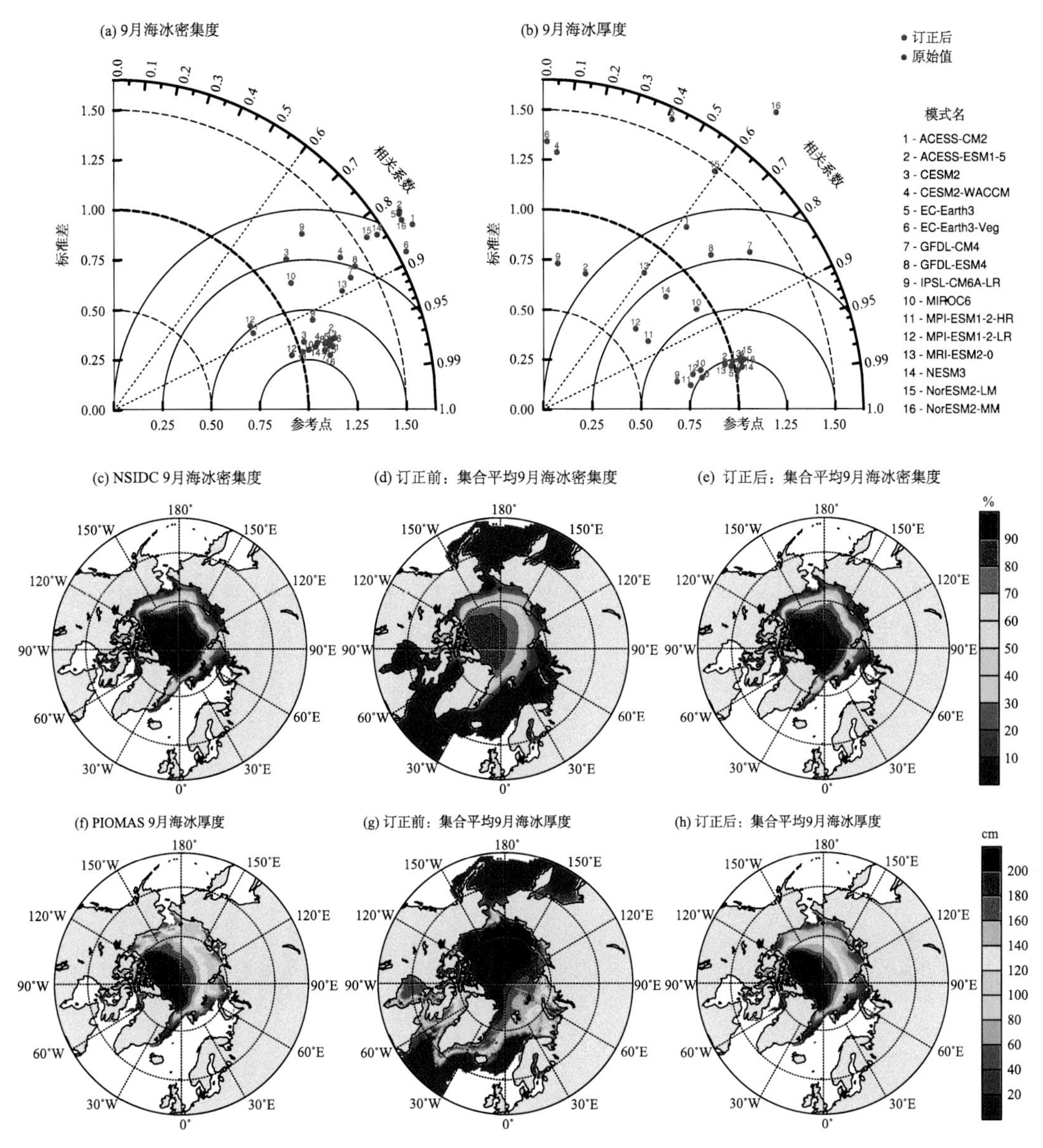

图 2.1　各模式对历史时期（1979—2014）北极海冰的模拟能力

各模式对当前北极（a）海冰密集度和（b）海冰厚度模拟的泰勒图；观测（c）、多模式集合（d）和订正后的多模式集合（e）的 1979—2014 年平均的 9 月北极海冰密集度分布；PIOMAS（f）、多模式集合（g）和订正后的多模式集合（h）的 1979—2014 年平均的 9 月北极海冰厚度分布（引自 Wei et al.，2020）

冰类的风险值。由此产生的 RIO 值为负数，表明在这些地区船舶航行有风险，而 RIO 值为正数，则表明情况可以接受。整个航线的海冰风险区域是航线区域内 RIO＜0 的所有网格单元的面积之和，而单个网格单元的面积则取决于数据的分辨率。

可通航性评估主要是针对较大的水域。例如，我们计算东北航道各地区的 RIO，RIO＞0 被作为可通航条件的临界值；东北航道内所有的冰类型加起来，如式（2-2）所示，确定适用于整个航道的 RIO。

（2）气象风险的分类和计算

参考过去的研究和标准，将影响船舶航行的天气状况分为五个等级（表 2.2）。影响程度从Ⅰ级到Ⅴ级逐渐增加，一般认为，船舶在Ⅱ级或以上的条件下航行，就会有风险。此外，我们给每个等级的气象条件赋予风险值，以方便量化航区长期一般气象风险的大小。

表 2.2　船舶通航天气条件等级

等级	风速 /（m/s）	能见度 /km	温度 /℃	风险值
Ⅰ	$W_a<10.8$	$V\geqslant4.0$	$T_a\geqslant0$	0
Ⅱ	$10.8\leqslant W_a<13.9$	$2.0\leqslant V<4.0$	$-10\leqslant T_a<0$	0.25
Ⅲ	$13.9\leqslant W_a<17.2$	$1.0\leqslant V<2.0$	$-15\leqslant T_a<-10$	0.50
Ⅳ	$17.2\leqslant W_a<20.8$	$0.5\leqslant V<1.0$	$-20\leqslant T_a<-15$	0.75
Ⅴ	$W_a\geqslant20.8$	$V<0.5$	$T_a<-20$	1

注：W_a 为平均风速；V 为能见度；T_a 为平均温度

考虑到气象风险是恶劣天气事件发生的概率和其影响的严重程度的乘积，我们通过以下公式计算气象风险值（MRV）：

$$\mathrm{MRV}=F_{\mathrm{I}}R_{\mathrm{I}}+F_{\mathrm{II}}R_{\mathrm{II}}+F_{\mathrm{III}}R_{\mathrm{III}}+F_{\mathrm{IV}}R_{\mathrm{IV}}+F_{\mathrm{V}}R_{\mathrm{V}} \tag{2-3}$$

式中，$F_{\mathrm{I}}\cdots F_{\mathrm{V}}$ 表示气象风险出现的频率，$R_{\mathrm{I}}\cdots R_{\mathrm{V}}$ 为对应等级下的风险值。

（3）综合风险指数

我们将海冰、风力、能见度、温度和水深作为船舶在北极航道航行的综合风险指标。风险值的计算采用加权综合评估法：

$$C=\sum_{i=1}^{n}W_iX_i \tag{2-4}$$

式中，C 表示综合风险，W 表示风险指标权重，X 表示归一化风险值，i 表示风险类型（表 2.3）。由于不同的风险指标具有不同的维度，因此采用最小 - 最大归一化方法对数据进行归一化。根据风险值从低到高，我们将海冰指标的 RIO 值范围设定为 −20～0，水深指标的值范围设定为 0～50，风、能见度和温度的风险值都在 0～1 的范围内。在确定各指标的权重时，我们采用了前人的研究结果，即通过改进的灰色关联法对专家给出的经验判断的权重进行定量比较得到（表 2.3）。

表 2.3　通航风险指标权重表

指标	海冰	水深	风	能见度	温度
权重	0.35	0.12	0.1	0.23	0.2

第3章

1979—2022年
北极海冰演变

北极海冰的减少与全球加速变暖几乎是同时发生的。20 世纪 70 年代起，北极海冰覆盖范围呈不断减小的趋势，海冰厚度也持续降低，北冰洋多年冰减少。海冰变化的早期主要是海冰厚度的变化，海冰范围的变化并不显著，没有引起足够的注意。21 世纪以来，海冰范围出现显著变化。2007 年发生了北极海冰面积突然减小 31% 的事件，9 月海冰范围仅 415 万 km^2，引起了研究北极的科学界高度关注。2012 年，北极海冰又一次发生了骤减，海冰范围降低到 341 万 km^2，创下历史新低，也是迄今观测到的最小海冰范围。2020 年北极海冰范围达 392 万 km^2，成为有现代观测记录（42 年的卫星记录）以来海冰范围第二小的年份，比 1980—2010 年期间的平均值（627 万 km^2）小约 40%。21 世纪以来多次夏季北极海冰范围大幅度减小，在过去 1000 多年以来都是罕见的。本章基于国产海冰密集度、海冰厚度产品，以及国际广泛使用的 NSIDC 海冰密集度和海冰厚度产品，展示了 1979—2022 年北极海冰的演变。

3.1 北极海冰密集度

海冰变化在整年内存在两种状态，即融冰状态（4—9 月）和结冰状态（10 月至翌年 3 月）。北极海冰在 3 月达到其年度最大范围，在 9 月达到最小范围。1979—2022 年北极年平均、3 月及 9 月海冰范围呈显著的近线性下降趋势，海冰范围年平均下降速率约为 5.3 万 km^2/a，9 月海冰下降速率最快，达到 7.9 万 km^2/a，3 月海冰下降速率约为 9 月的一半，达到 3.9 万 km^2/a（图 3.1）。

北冰洋各个边缘海所处的气候环境存在很大差别，各个海域海冰密集度呈现出不同特征。自 1979 年以来，3 月北极海冰范围的减小以喀拉海和巴伦支海最为显著。2015—2018 年是 1979—2022 年 3 月北极海冰范围最低的 4 年，其平均海冰范围仅 1430 万 km^2，3 月海冰覆盖年际变率较大的区域位于巴伦支海、戴维斯海峡和白令海（图 3.2、图 3.3）。1979 年以来 9 月海冰范围减小大值区位于楚科奇海、东西伯利亚海、拉普捷夫海、喀拉海和巴伦支海。2012、2020 和 2017 年分别是 1979—2022 年 9 月海冰范围最小的 3 年，海冰覆盖面积分别缩减至 357 万、400 万和 427 万 km^2（图 3.4、图 3.5）。

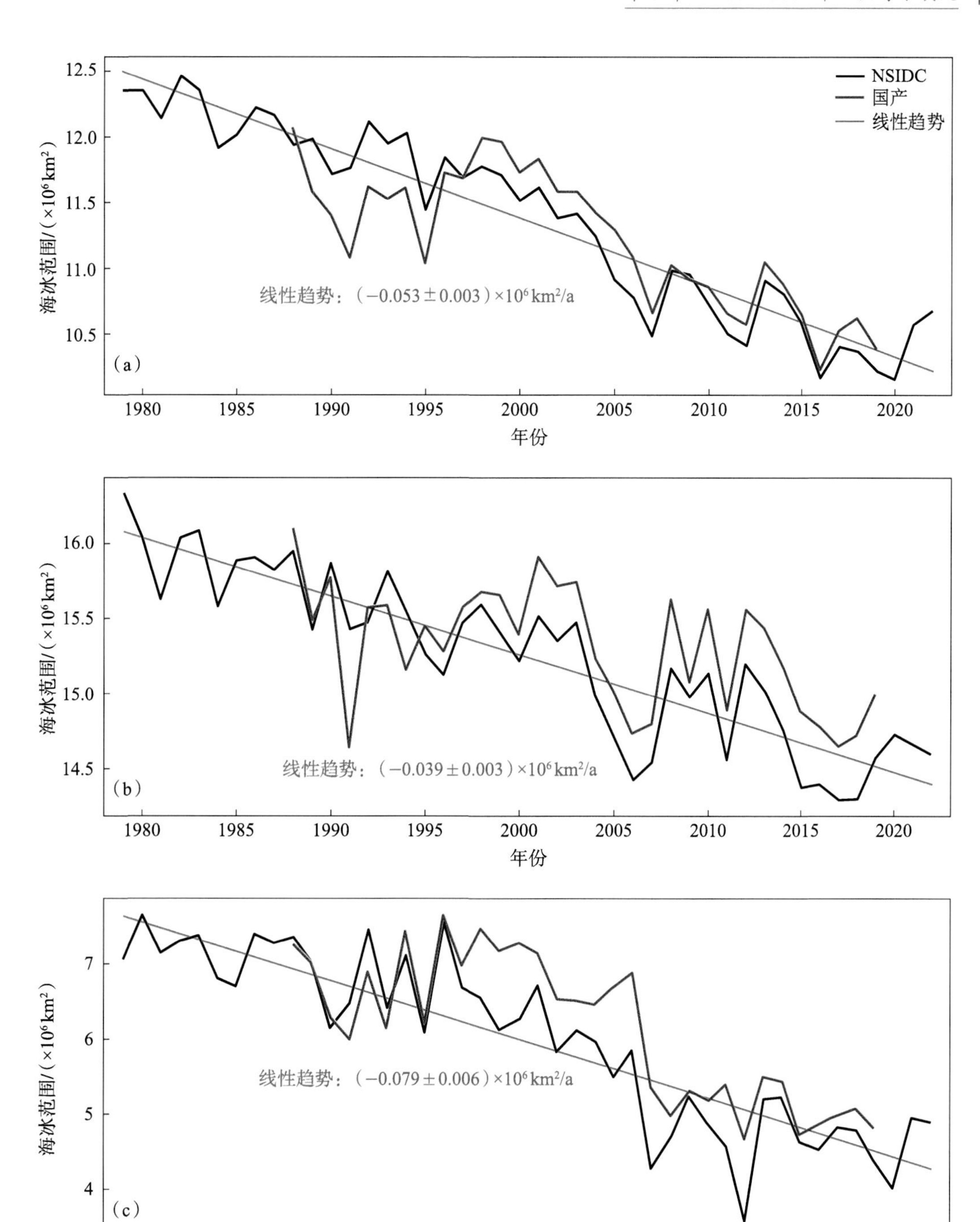

图 3.1　1979—2022 年北极海冰范围演变

（(a) 年平均；(b) 3 月平均；(c) 9 月平均；黑线和红线分别是基于 NSIDC 和国产海冰数据产品的结果，蓝线是基于 NSIDC 的 1979—2022 年海冰面积的线性趋势）

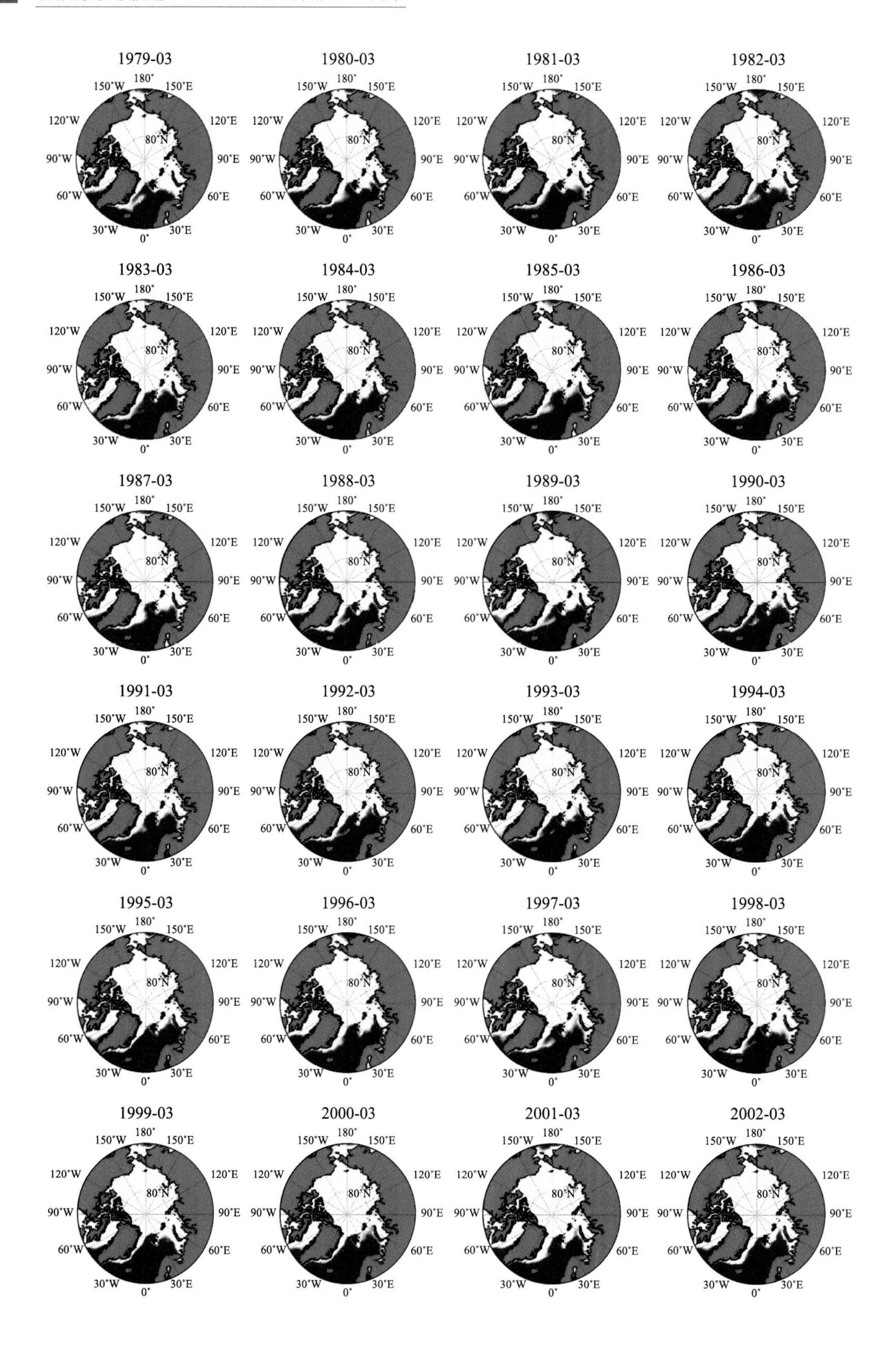
1979-03
1980-03
1981-03
1982-03
1983-03
1984-03
1985-03
1986-03
1987-03
1988-03
1989-03
1990-03
1991-03
1992-03
1993-03
1994-03
1995-03
1996-03
1997-03
1998-03
1999-03
2000-03
2001-03
2002-03
180°
150°W
150°E
120°W
120°E
90°W
90°E
60°W
60°E
30°W
30°E
0°
80°N

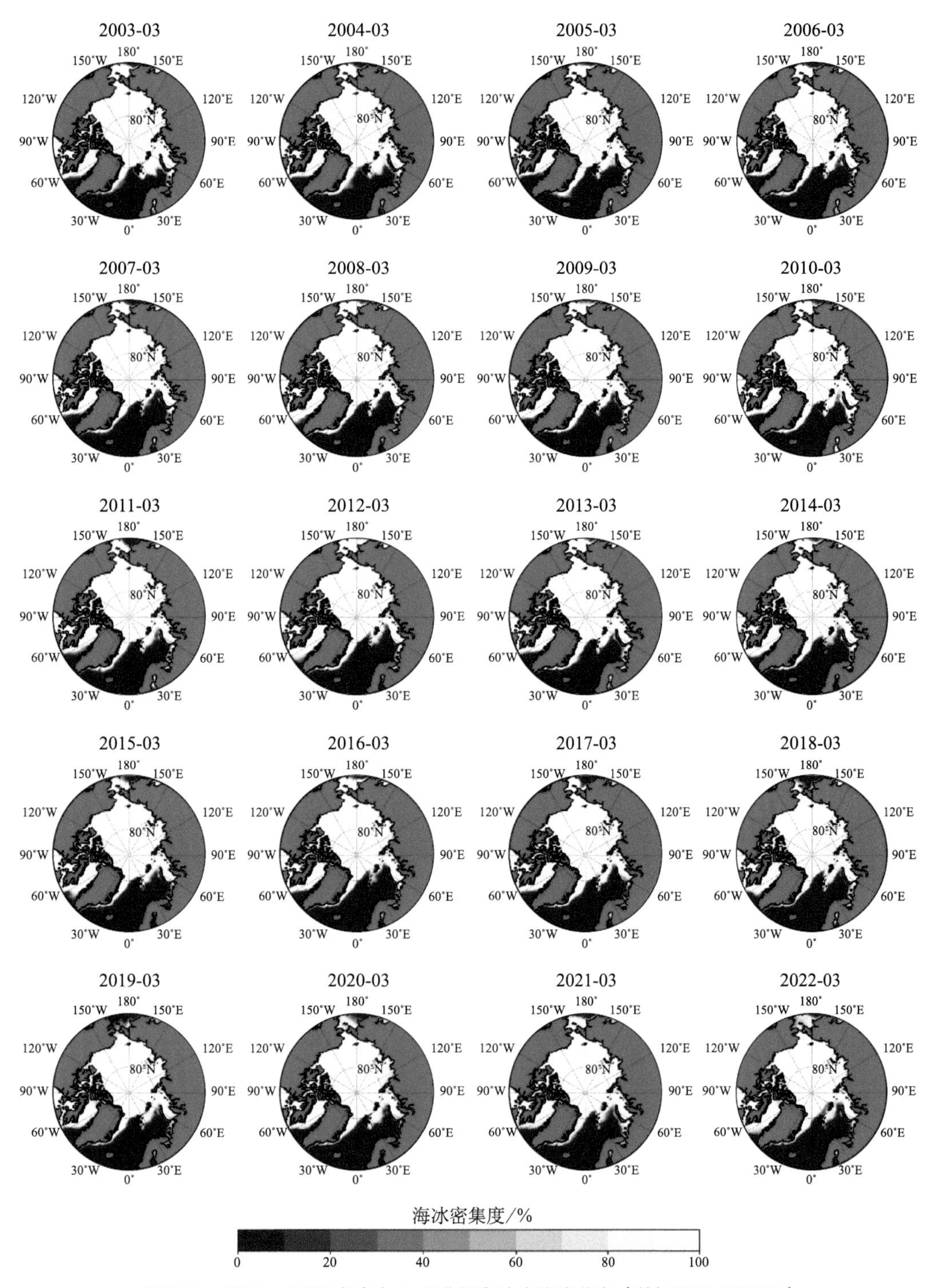

图 3.2　1979—2022 年各年 3 月北极海冰密集度分布（数据源于 NSIDC）

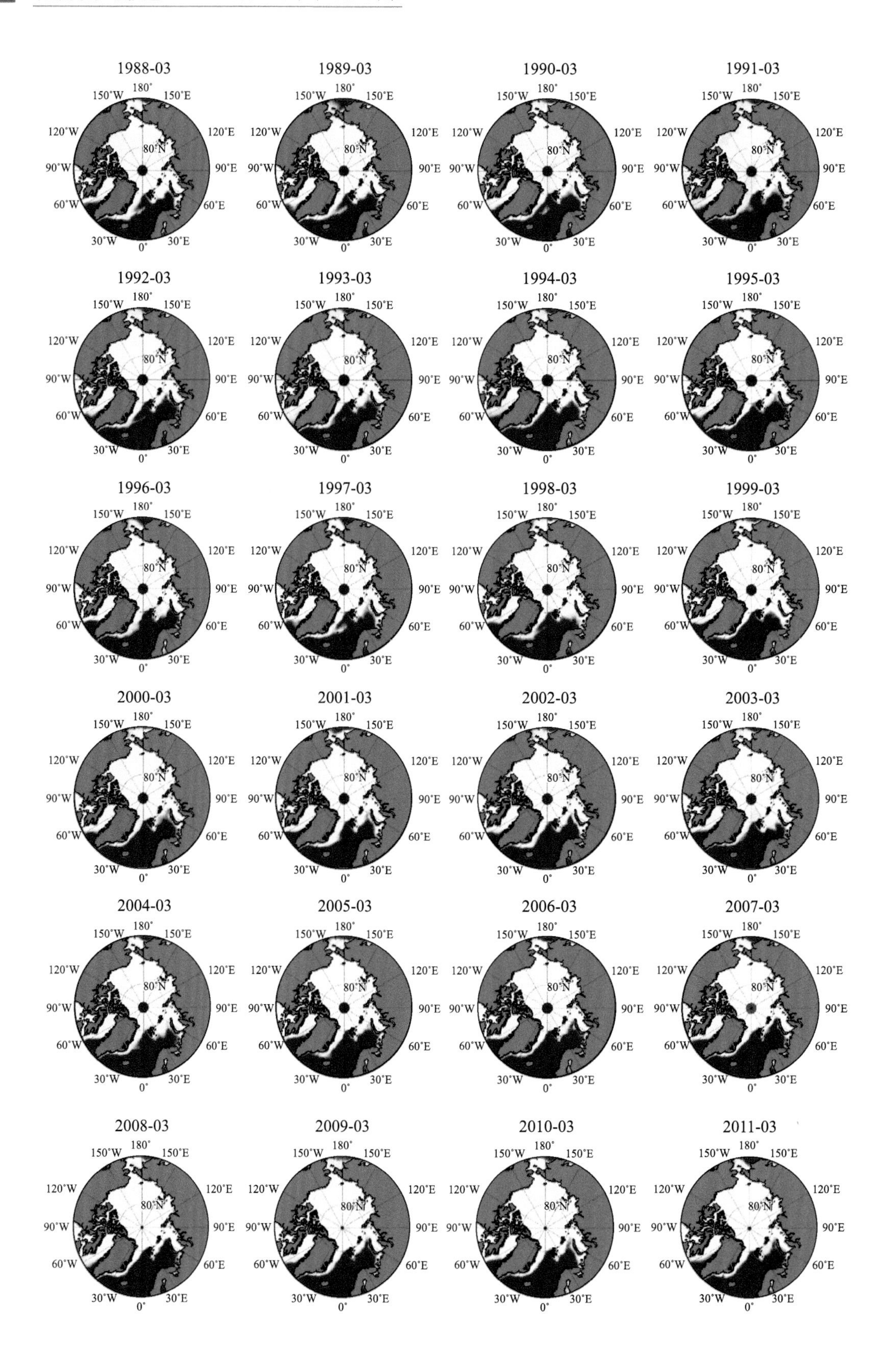
1988-03
1989-03
1990-03
1991-03
1992-03
1993-03
1994-03
1995-03
1996-03
1997-03
1998-03
1999-03
2000-03
2001-03
2002-03
2003-03
2004-03
2005-03
2006-03
2007-03
2008-03
2009-03
2010-03
2011-03
180°
150°W
150°E
120°W
120°E
90°W
90°E
60°W
60°E
30°W
30°E
0°
80°N

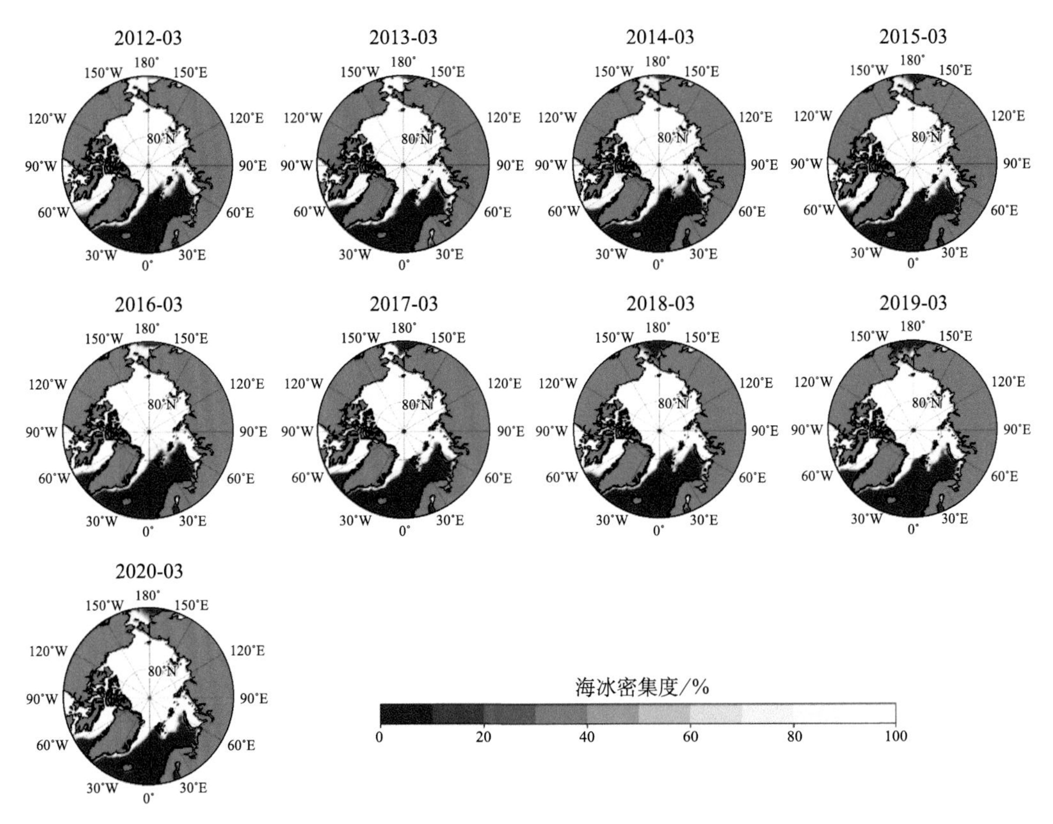

图 3.3　1988—2020 年各年 3 月北极海冰密集度分布（数据源于国产海冰数据产品）

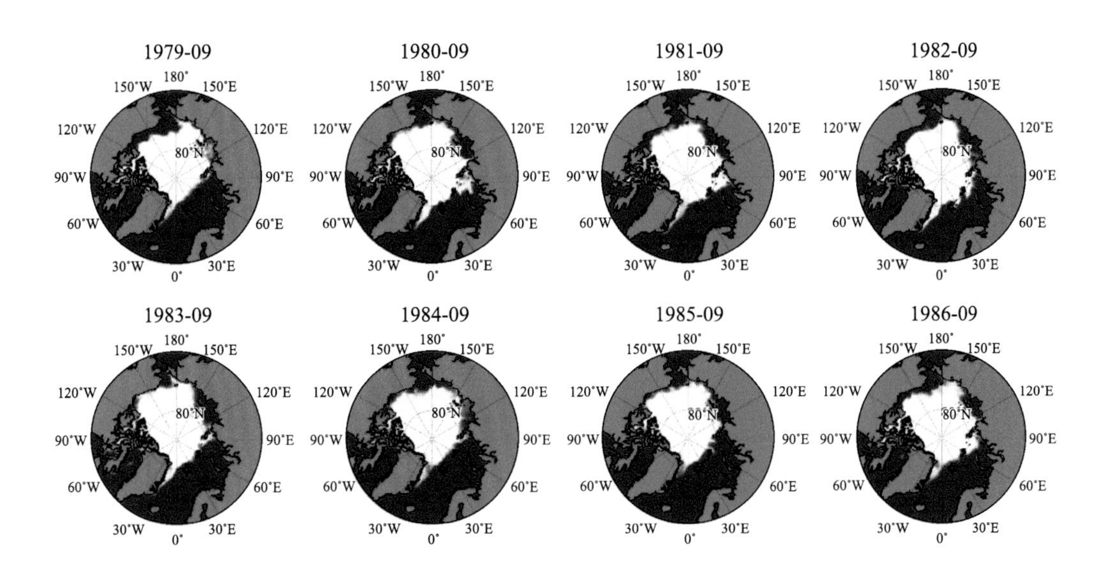

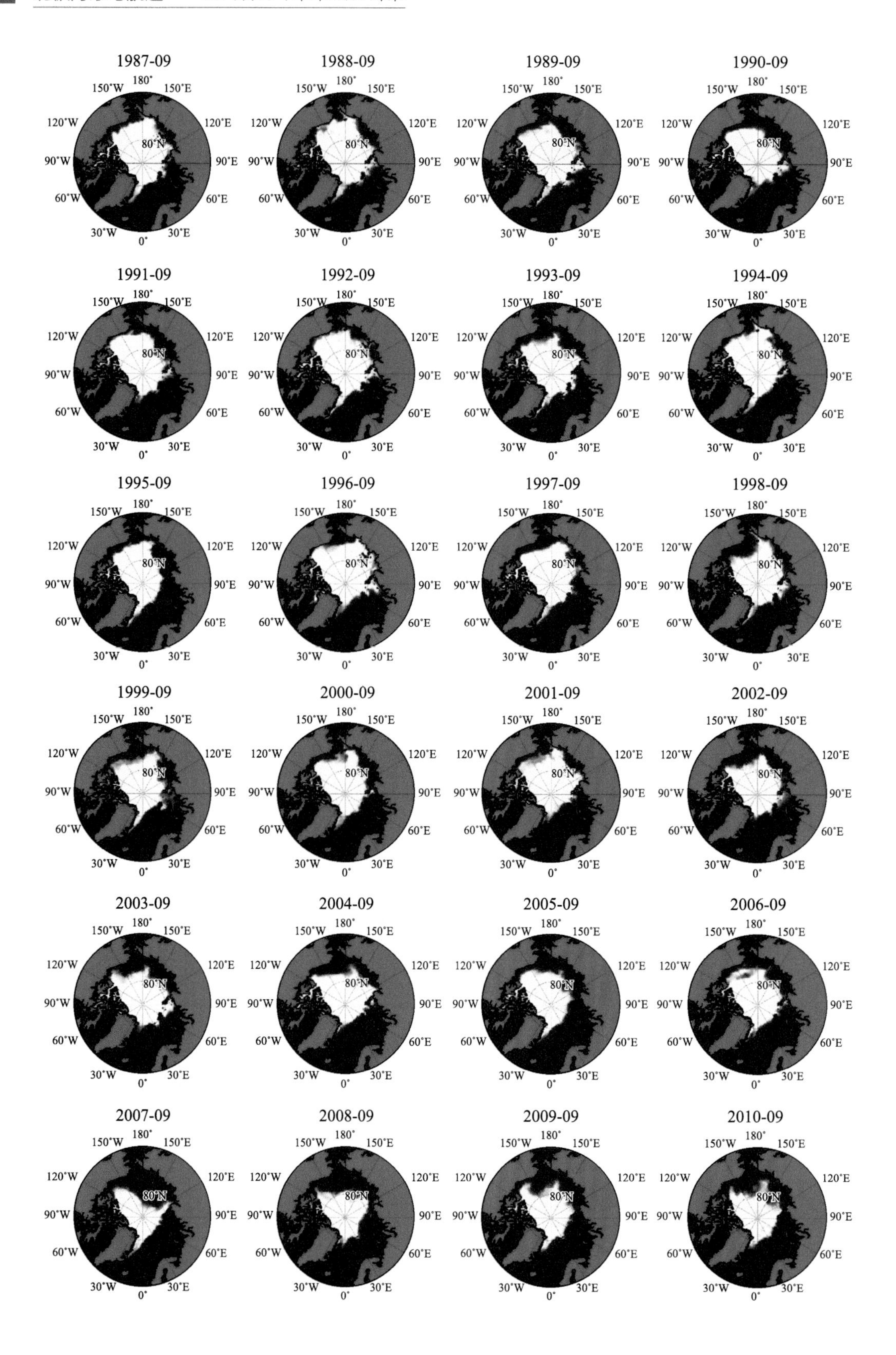
1987-09
1988-09
1989-09
1990-09
1991-09
1992-09
1993-09
1994-09
1995-09
1996-09
1997-09
1998-09
1999-09
2000-09
2001-09
2002-09
2003-09
2004-09
2005-09
2006-09
2007-09
2008-09
2009-09
2010-09
180°
150°W
150°E
120°W
120°E
90°W
90°E
60°W
60°E
30°W
30°E
0°
80°N

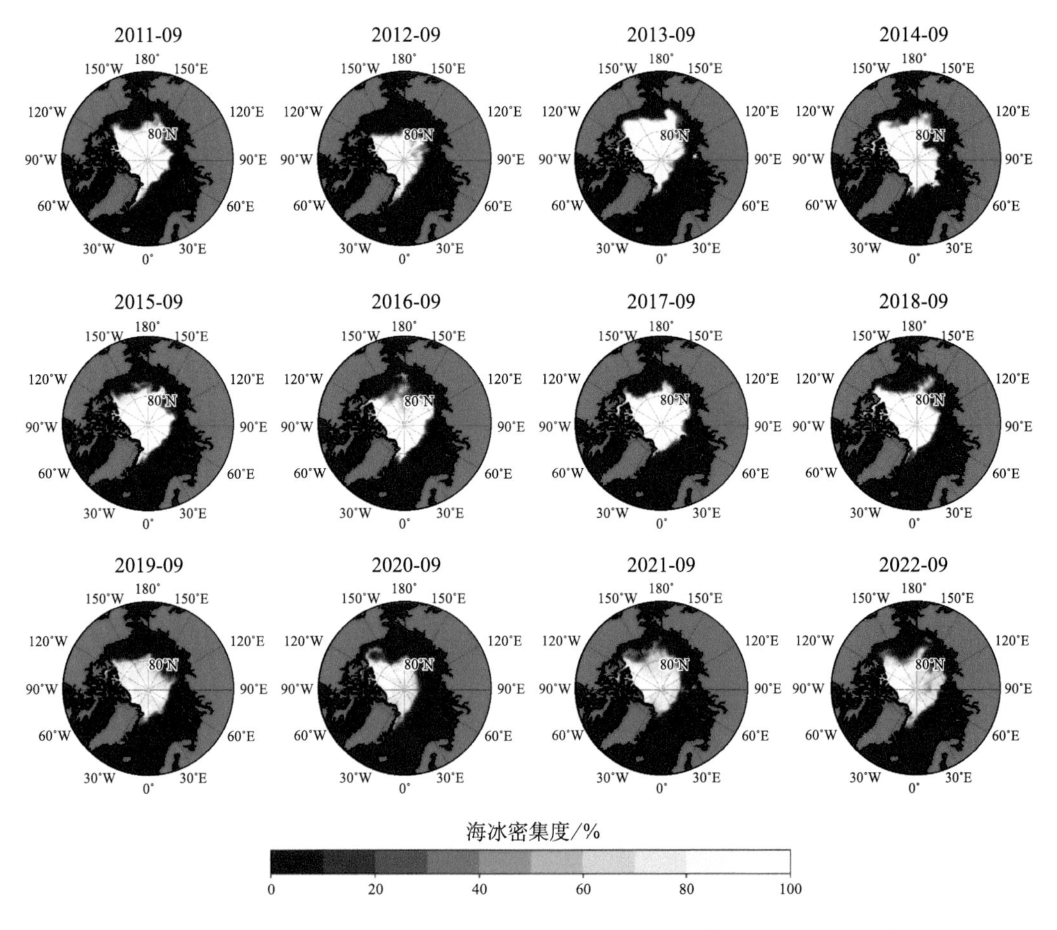

图 3.4 1979—2022 年各年 9 月北极海冰密集度分布（数据源于 NSIDC）

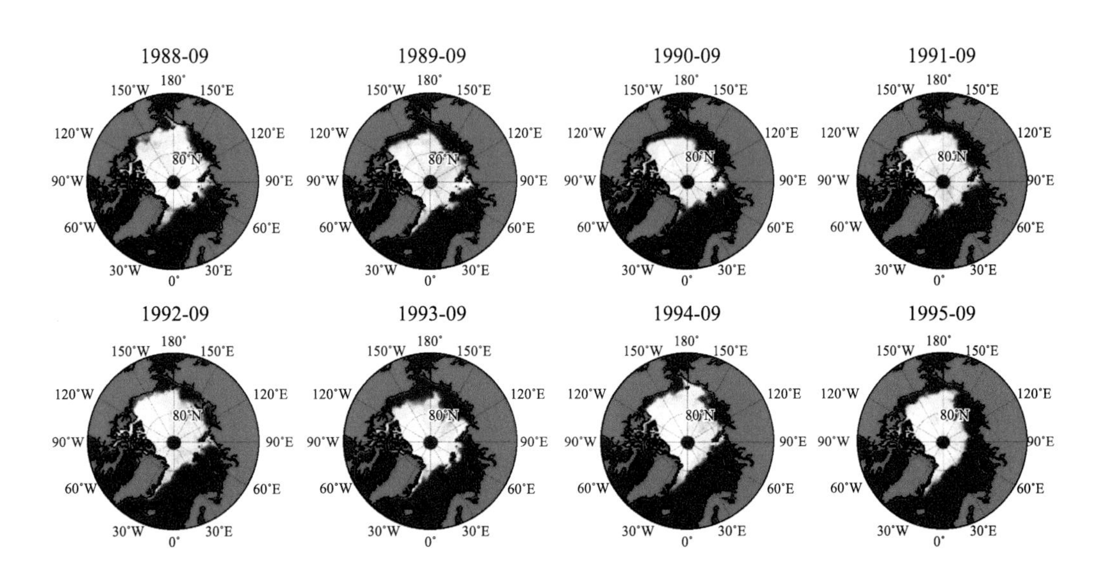

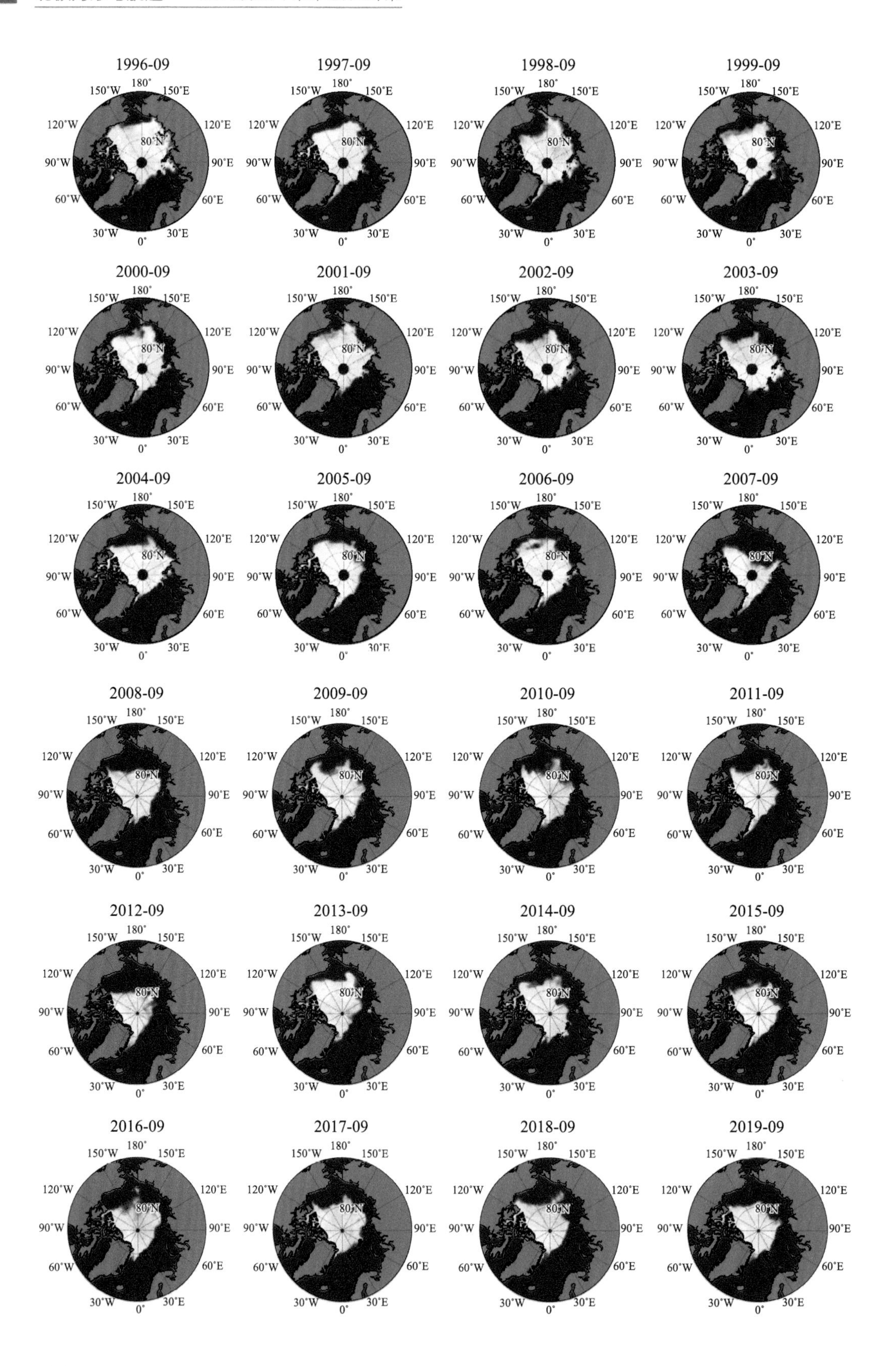
1996-09
1997-09
1998-09
1999-09
2000-09
2001-09
2002-09
2003-09
2004-09
2005-09
2006-09
2007-09
2008-09
2009-09
2010-09
2011-09
2012-09
2013-09
2014-09
2015-09
2016-09
2017-09
2018-09
2019-09

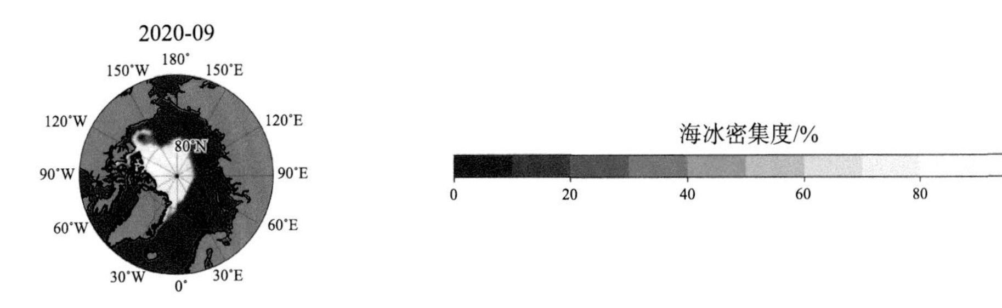

图 3.5 1988—2020 年各年 9 月北极海冰密集度分布（数据源于国产海冰数据产品）

3.2 北极海冰厚度

1979—2021 年北极海冰厚度呈显著的线性下降趋势，但与海冰密集度不同的是，融冰期和结冰期北极平均海冰厚度的下降速率差别不大，年平均海冰厚度减小速率约为 24 mm/a（图 3.6）。

PIOMAS 数据显示，北极海冰最厚的区域位于加拿大北极群岛及格陵兰岛以北的海域。该区域 3 月海冰厚度在 1998 年以前通常可达 6 m，1998 年以后通常在 4 m 以上，在重冰年份也可达到 6 m，其他海域的平均海冰厚度通常在 3 m 以下（图 3.7）。9 月的海冰相比 3 月有明显变薄，加拿大北极群岛及格陵兰岛沿岸海冰厚度在 1998 年前可达到 6 m 以上，在 1998 年以后则通常在 4 m 以下。除 2014—2015 年 9 月北极海冰厚度明显增长外，1979—2021 年北极所有海域的海冰厚度都呈变薄趋势，喀拉海、拉普捷夫海、北极中央区域和楚科奇海沿岸是海冰厚度减小较大的区域（图 3.8）。

不同类型的海冰密集度的分布也从另一个角度展示了海冰厚度的变化。1 年冰占据了北极 3 月海冰总量的大部分，其中波弗特海、欧亚大陆沿海是 1 年冰密集度最高的区域。2007 年之后，北极 1 年冰范围不断扩大至北极中央区域（图 3.9）。1 年冰密集度在 9 月迅速降低，但加拿大北极群岛沿岸 1 年冰的分布较 3 月更多（图 3.10）。北极多年冰主要分布于北冰洋中心、加拿大群岛和格陵兰岛以北海域，而欧亚大陆和白令海峡一带几乎没有多年冰。在海冰最多的 3 月，自 2008 年开始北极中央海域的多年冰逐渐缩减，2013 年之后，波弗特海、东西伯利亚海、拉普捷夫海等海域的多年冰逐渐恢复（图 3.11）。9 月份多年冰在北冰洋核心区域的分布较为均匀，但自 2007 开始，多年冰逐渐向加拿大北极群岛海域和格陵兰海缩减（图 3.12）。

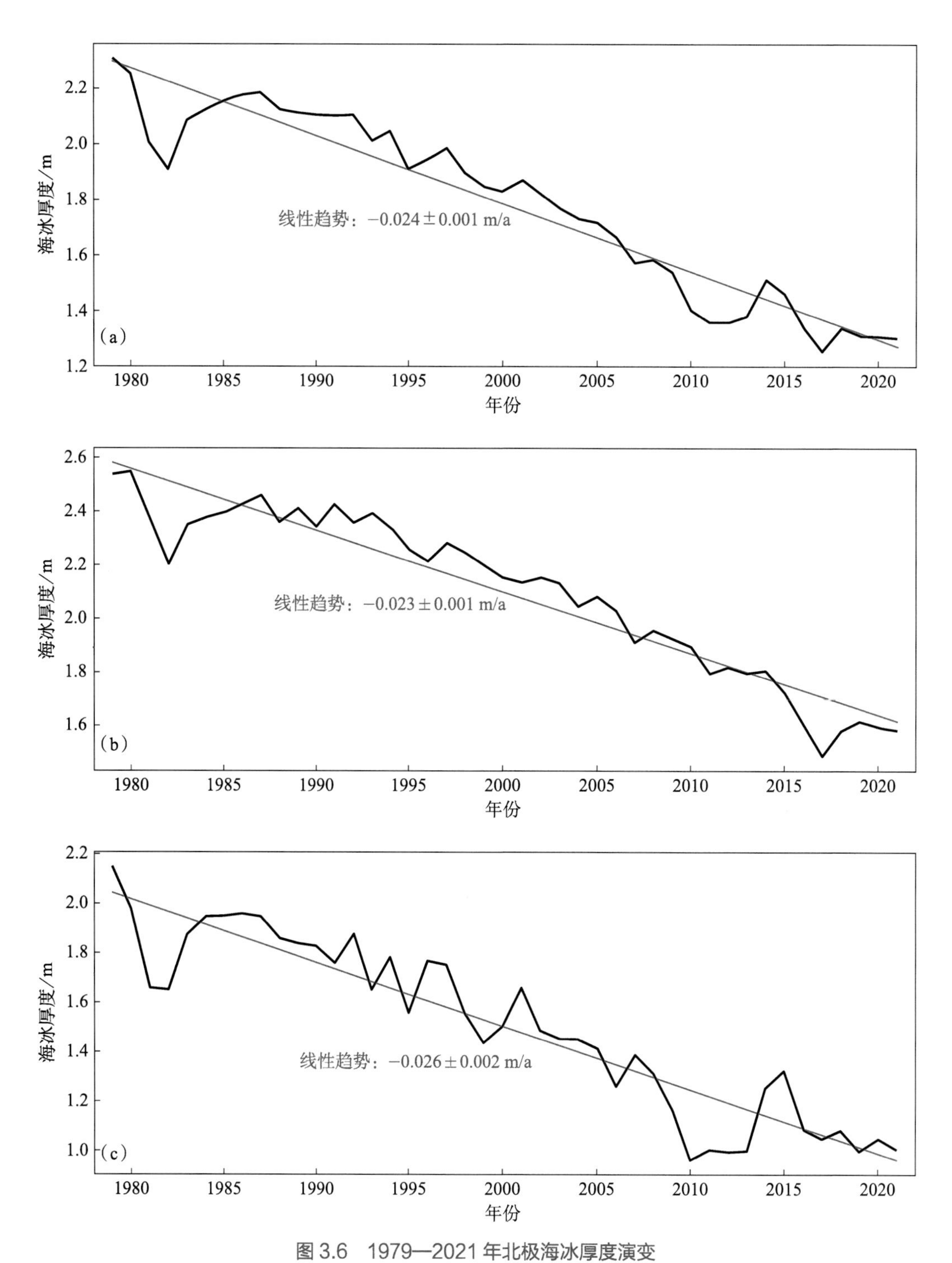

图 3.6　1979—2021 年北极海冰厚度演变

（(a) 年平均；(b) 3 月平均；(c) 9 月平均；数据来源于 PIOMAS，蓝线是 1979—2021 年海冰厚度的线性趋势）

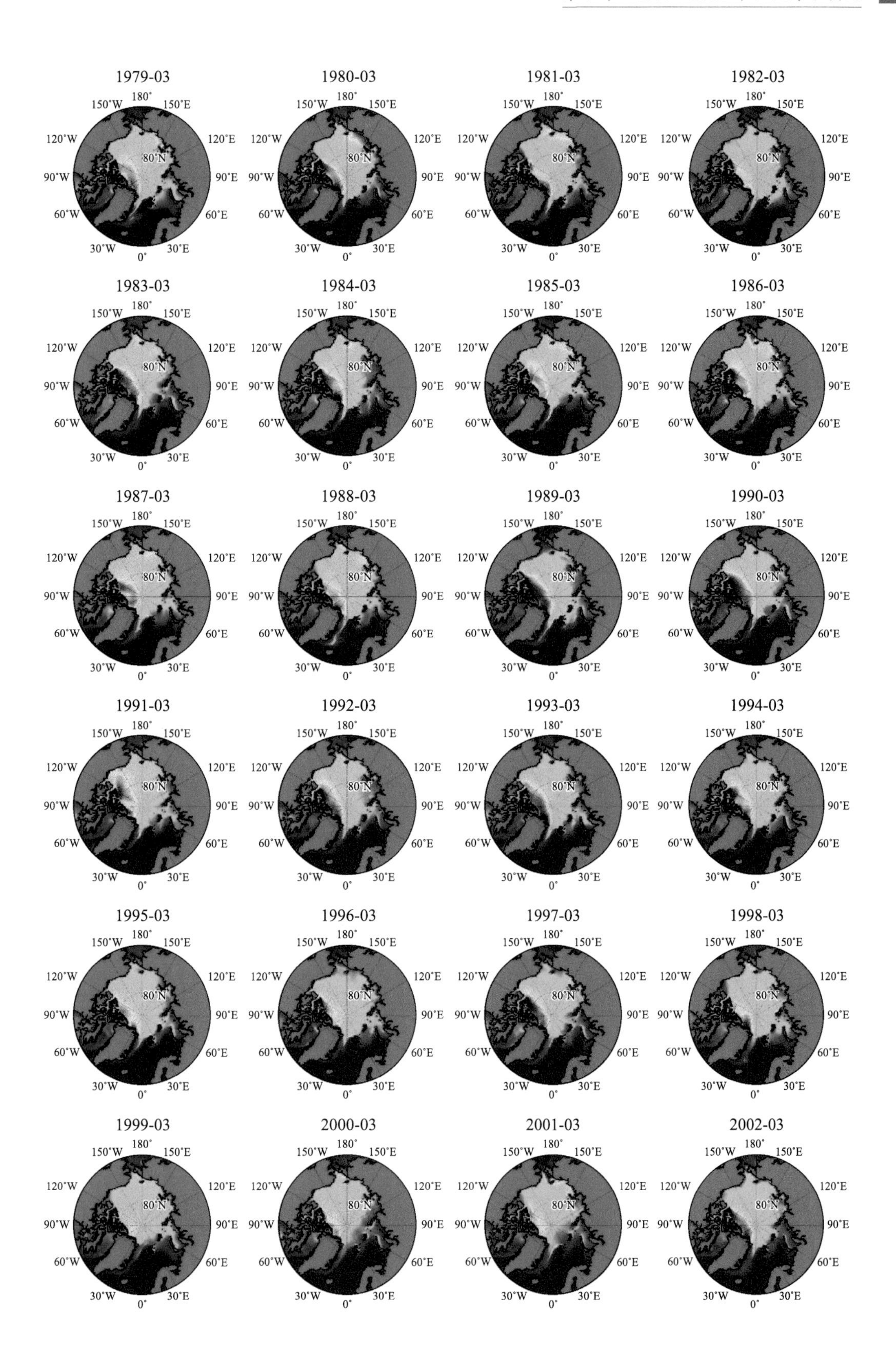
1979-03
1980-03
1981-03
1982-03
1983-03
1984-03
1985-03
1986-03
1987-03
1988-03
1989-03
1990-03
1991-03
1992-03
1993-03
1994-03
1995-03
1996-03
1997-03
1998-03
1999-03
2000-03
2001-03
2002-03

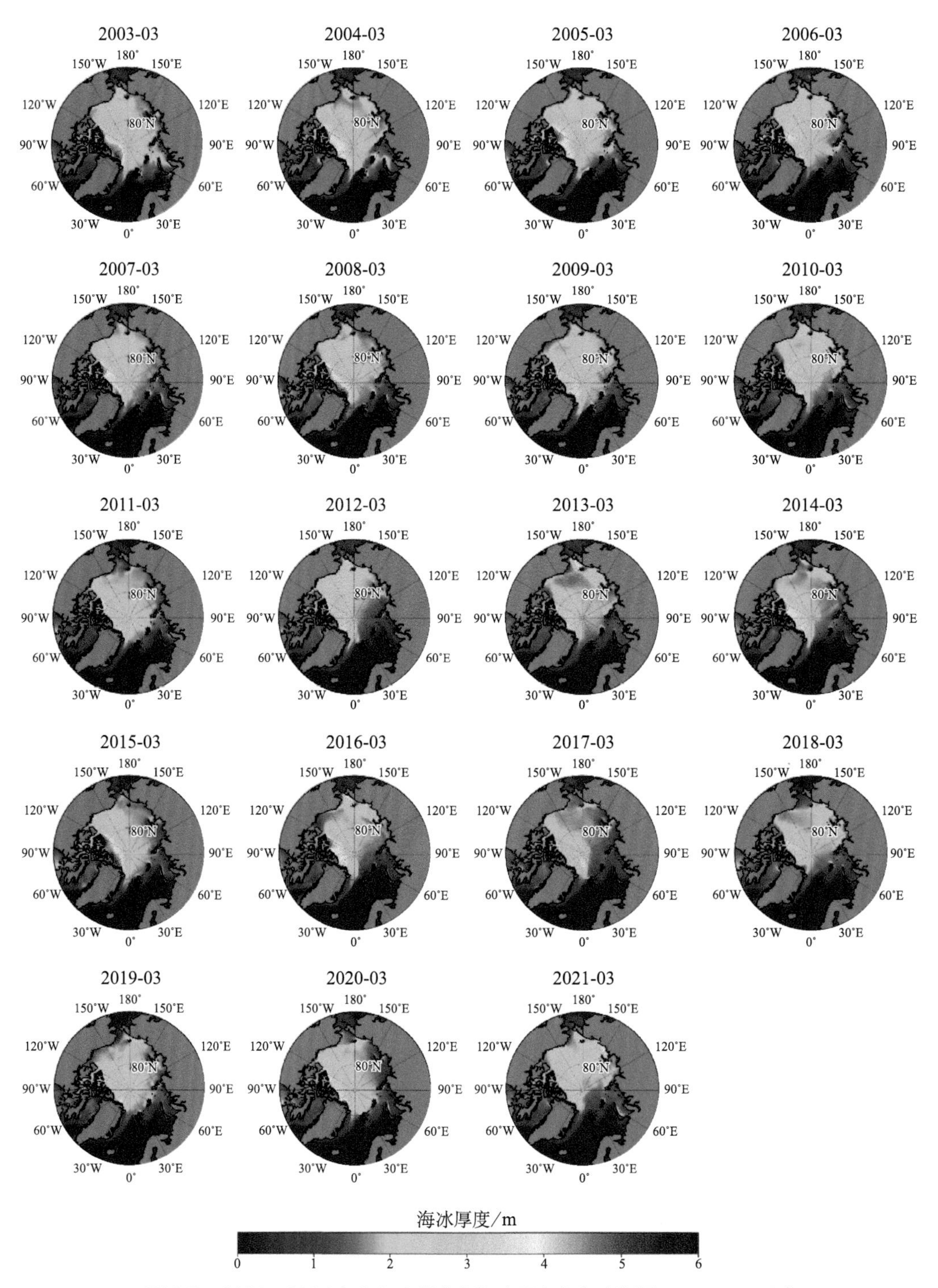

图 3.7　1979—2021 年各年 3 月北极海冰厚度分布（数据源于 PIOMAS）

1979-09
1980-09
1981-09
1982-09
1983-09
1984-09
1985-09
1986-09
1987-09
1988-09
1989-09
1990-09
1991-09
1992-09
1993-09
1994-09
1995-09
1996-09
1997-09
1998-09
1999-09
2000-09
2001-09
2002-09
180°
150°W
150°E
120°W
120°E
90°W
90°E
60°W
60°E
30°W
30°E
0°
80°N

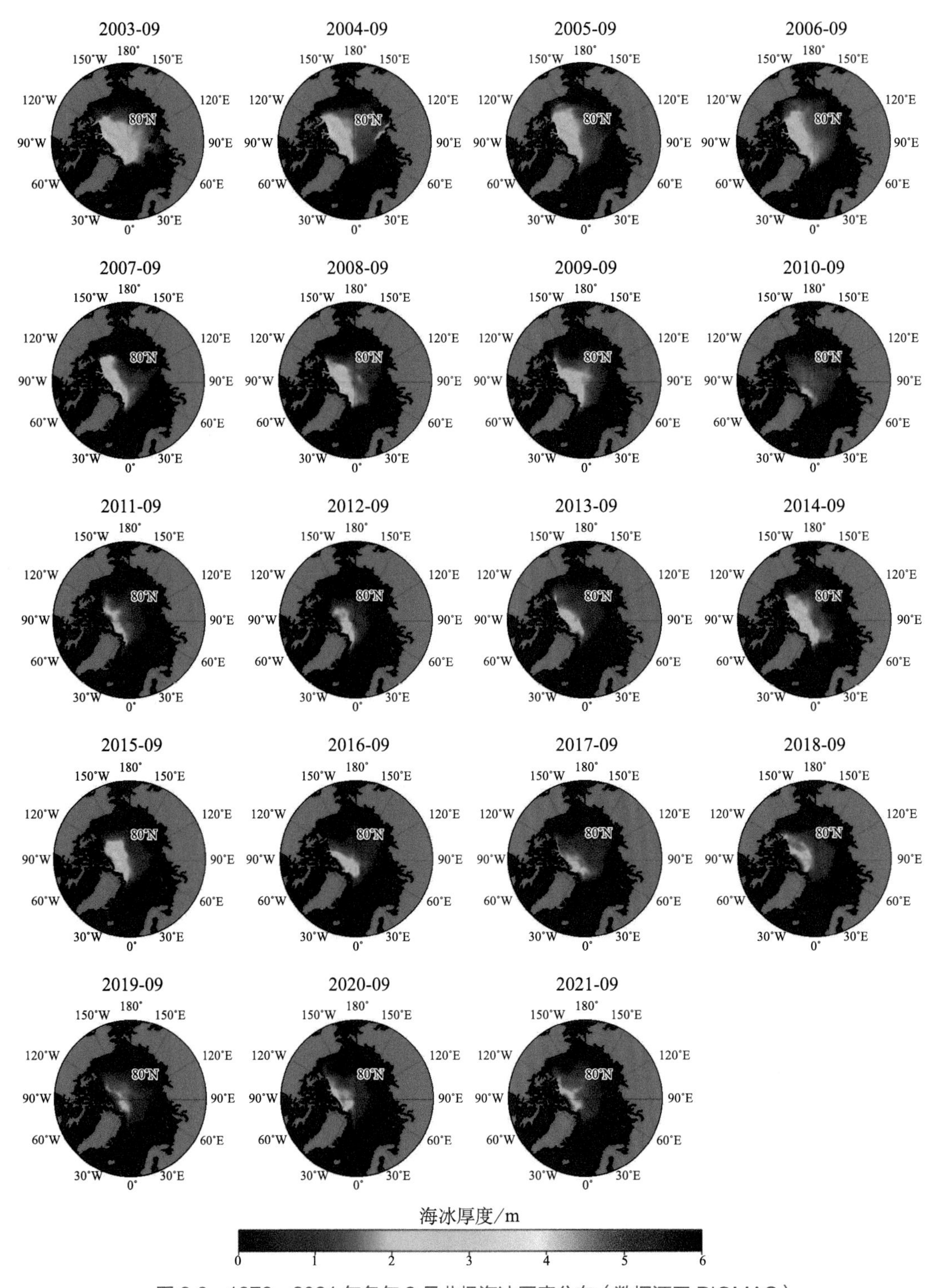

图 3.8　1979—2021 年各年 9 月北极海冰厚度分布（数据源于 PIOMAS）

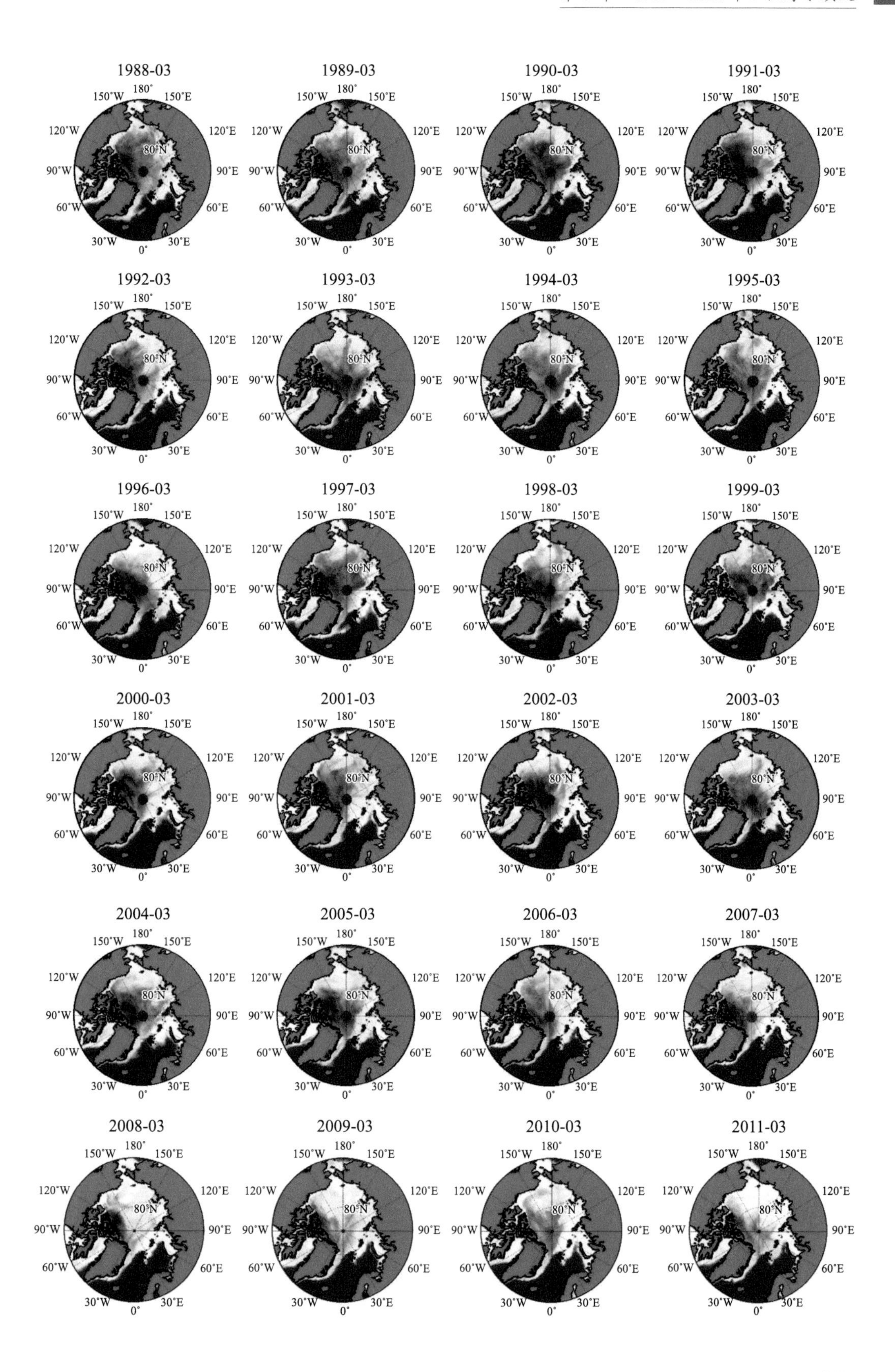
1988-03
1989-03
1990-03
1991-03
1992-03
1993-03
1994-03
1995-03
1996-03
1997-03
1998-03
1999-03
2000-03
2001-03
2002-03
2003-03
2004-03
2005-03
2006-03
2007-03
2008-03
2009-03
2010-03
2011-03
180°
150°W
150°E
120°W
120°E
90°W
90°E
60°W
60°E
30°W
30°E
0°
80°N

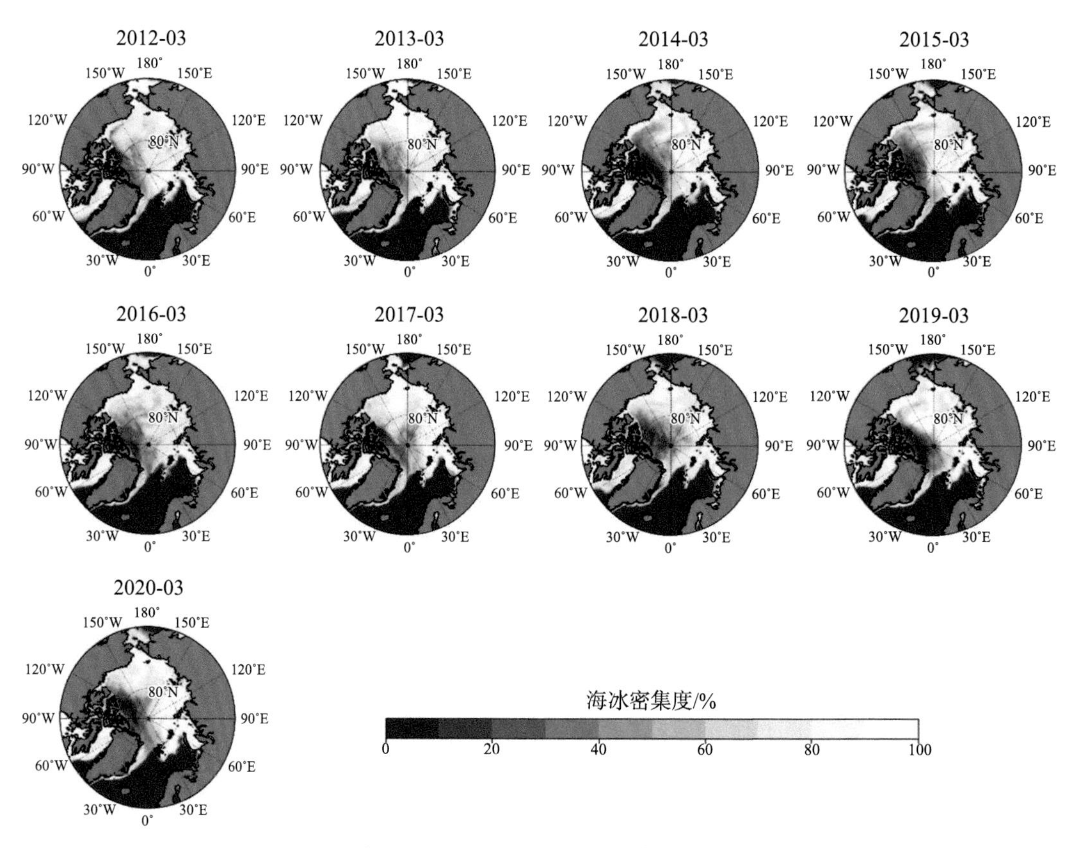

图 3.9　1988—2020 年各年 3 月北极 1 年冰分布（数据源于国产海冰数据产品）

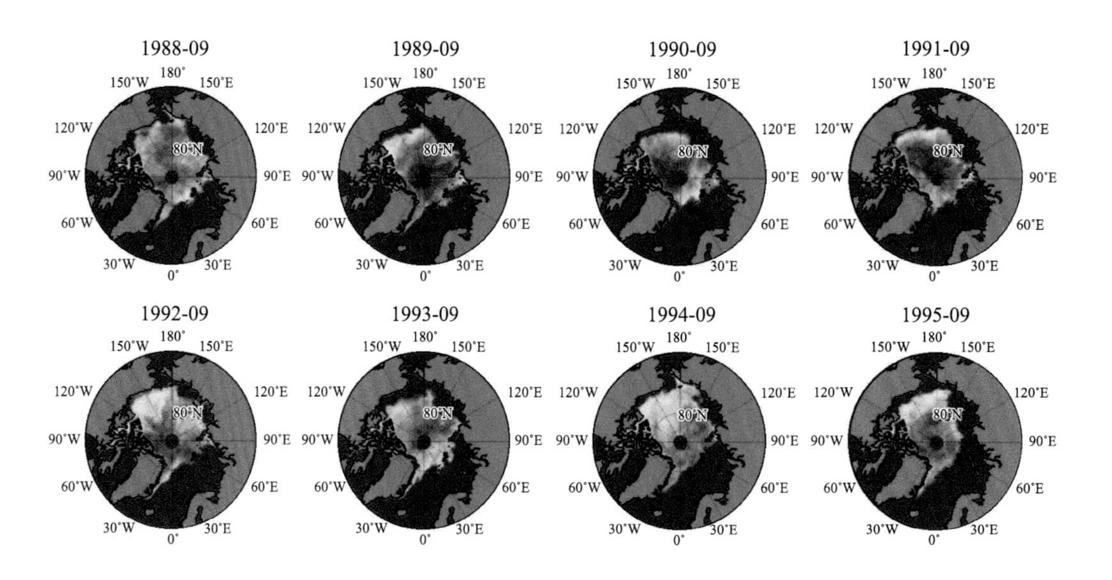

1996-09
1997-09
1998-09
1999-09
2000-09
2001-09
2002-09
2009-09
2004-09
2005-09
2006-09
2007-09
2008-09
2009-09
2010-09
2011-09
2012-09
2013-09
2014-09
2015-09
2016-09
2017-09
2018-09
2019-09
180°
150°W
150°E
120°W
120°E
90°W
90°E
60°W
60°E
30°W
30°E
0°
80°N

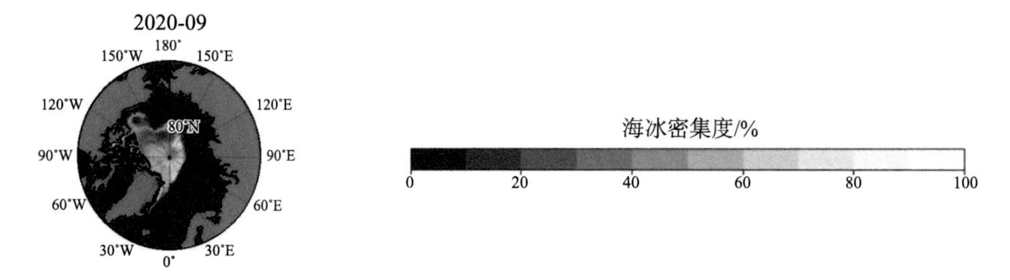

图 3.10　1988—2020 年各年 9 月北极 1 年冰分布（数据源于国产海冰数据产品）

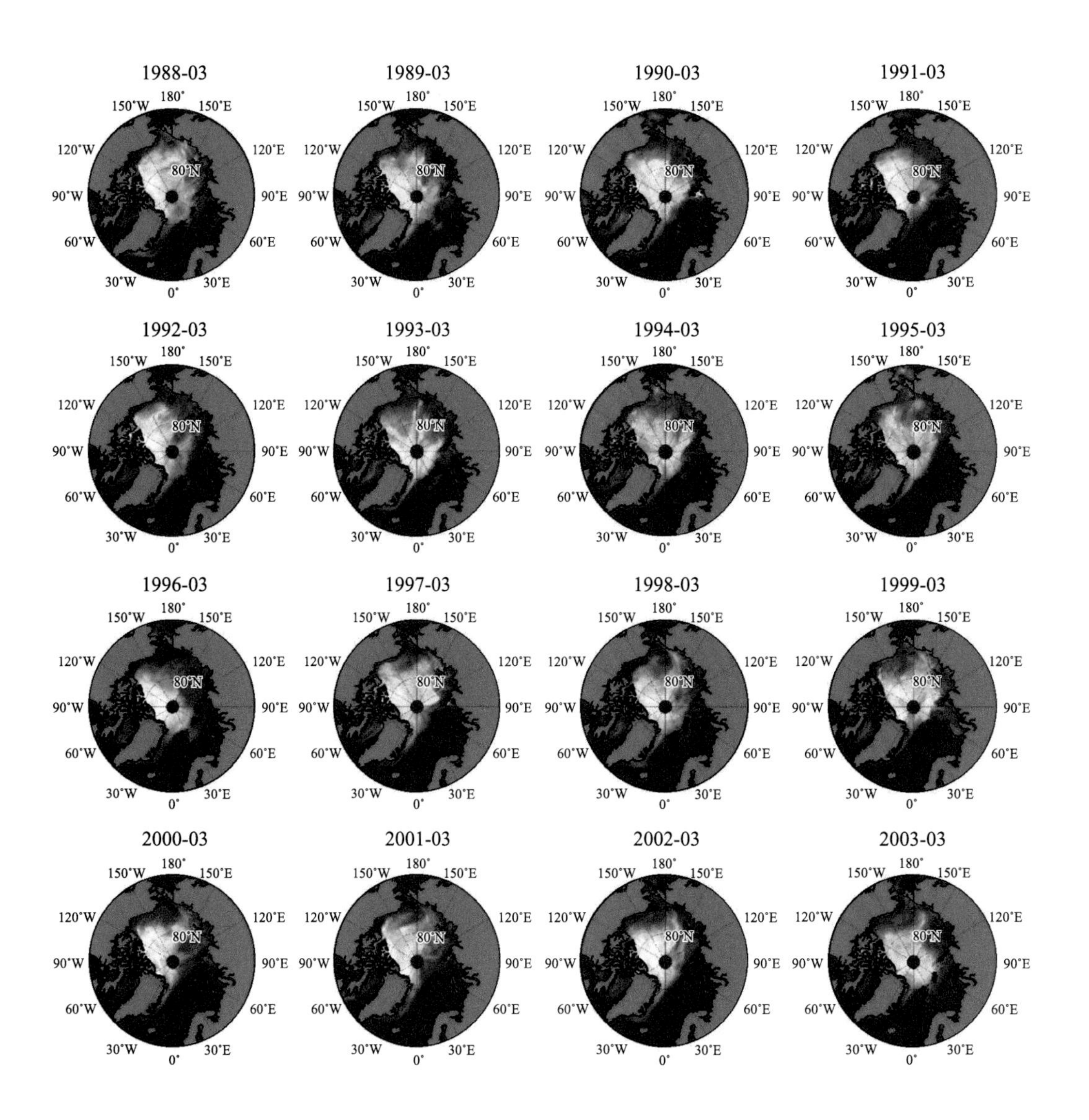

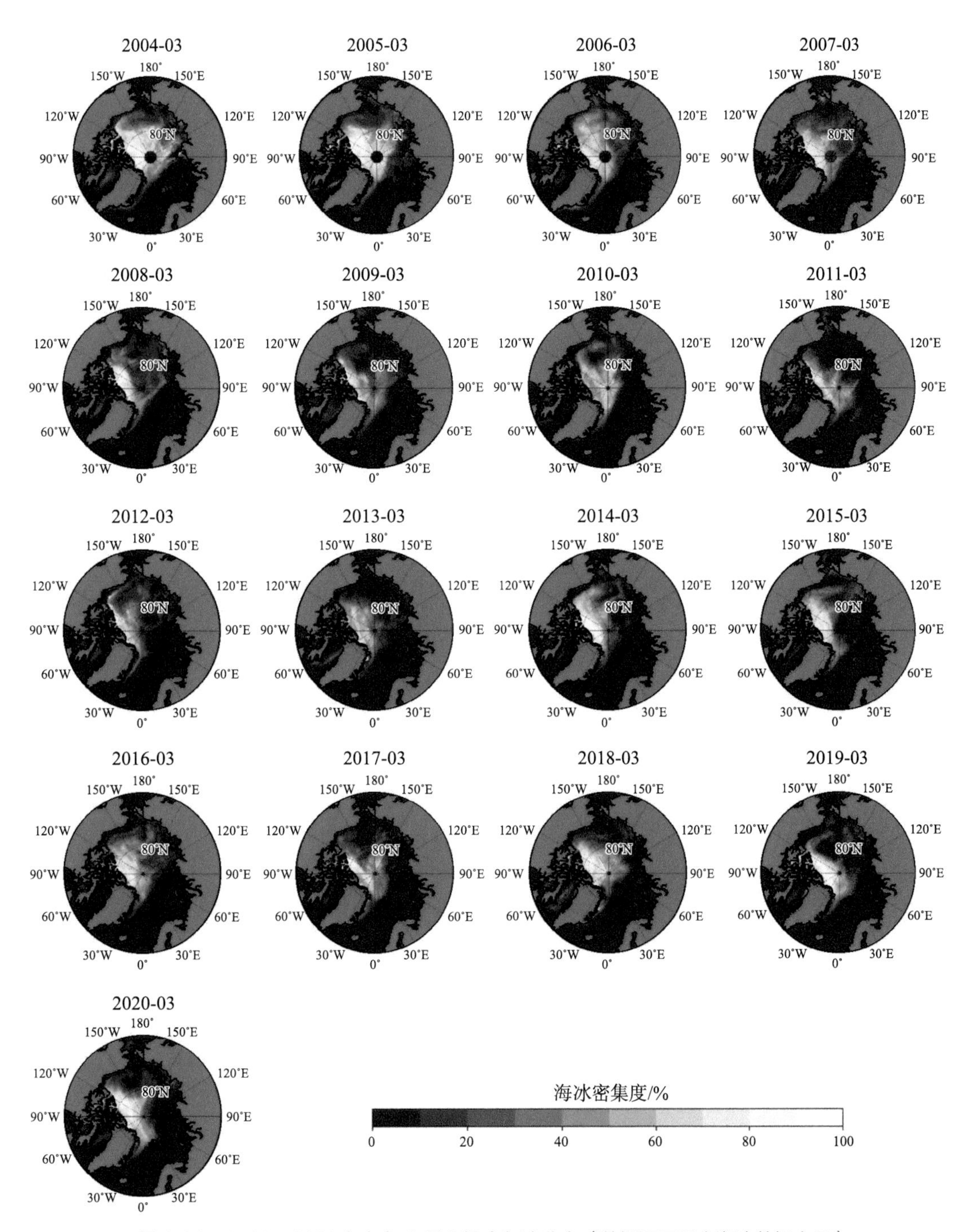

图 3.11　1988—2020 年各年 3 月北极多年冰分布（数据源于国产海冰数据产品）

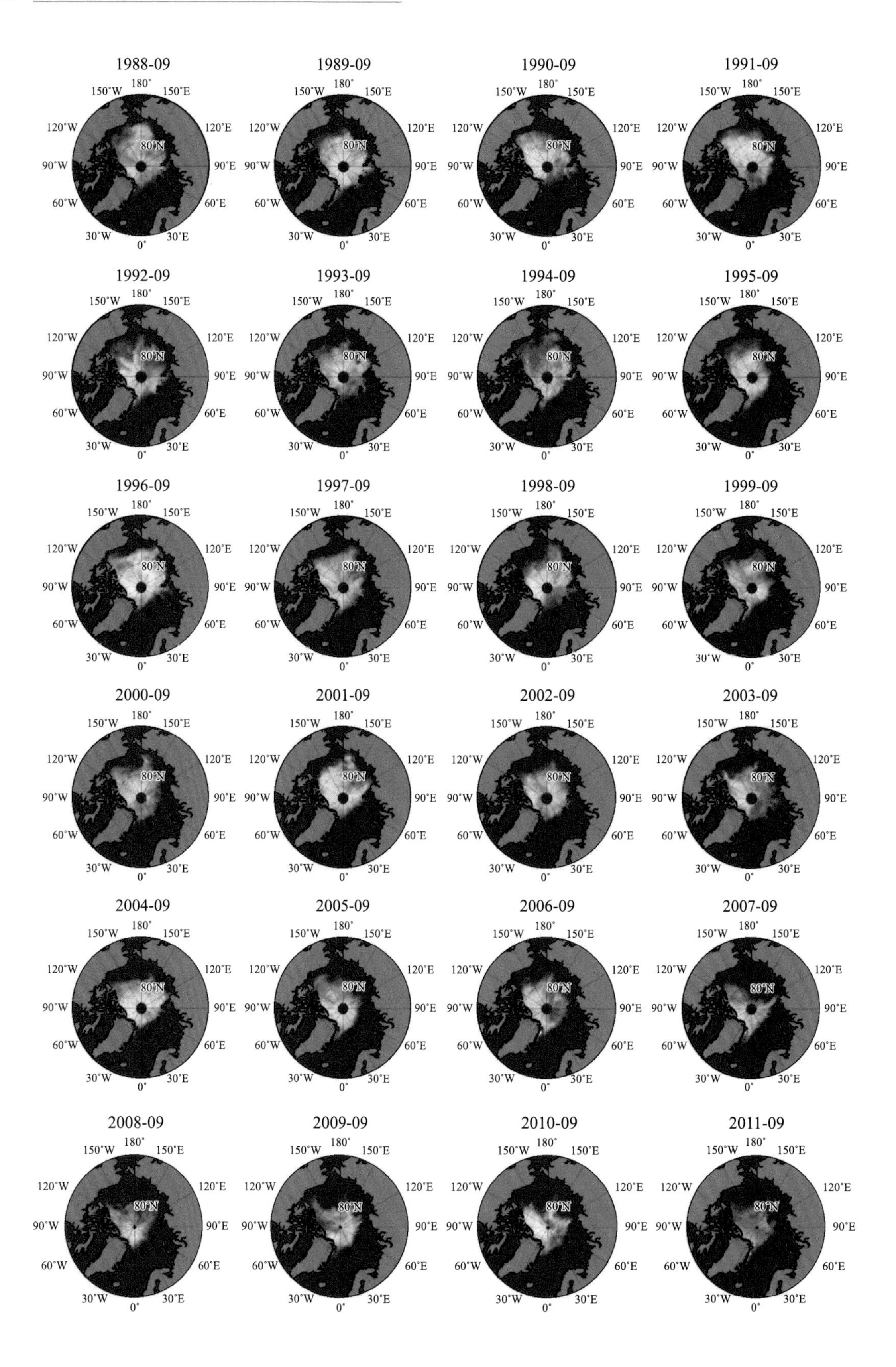
1988-09
1989-09
1990-09
1991-09
1992-09
1993-09
1994-09
1995-09
1996-09
1997-09
1998-09
1999-09
2000-09
2001-09
2002-09
2003-09
2004-09
2005-09
2006-09
2007-09
2008-09
2009-09
2010-09
2011-09
180°
150°W
150°E
120°W
120°E
90°W
90°E
60°W
60°E
30°W
30°E
0°
80°N

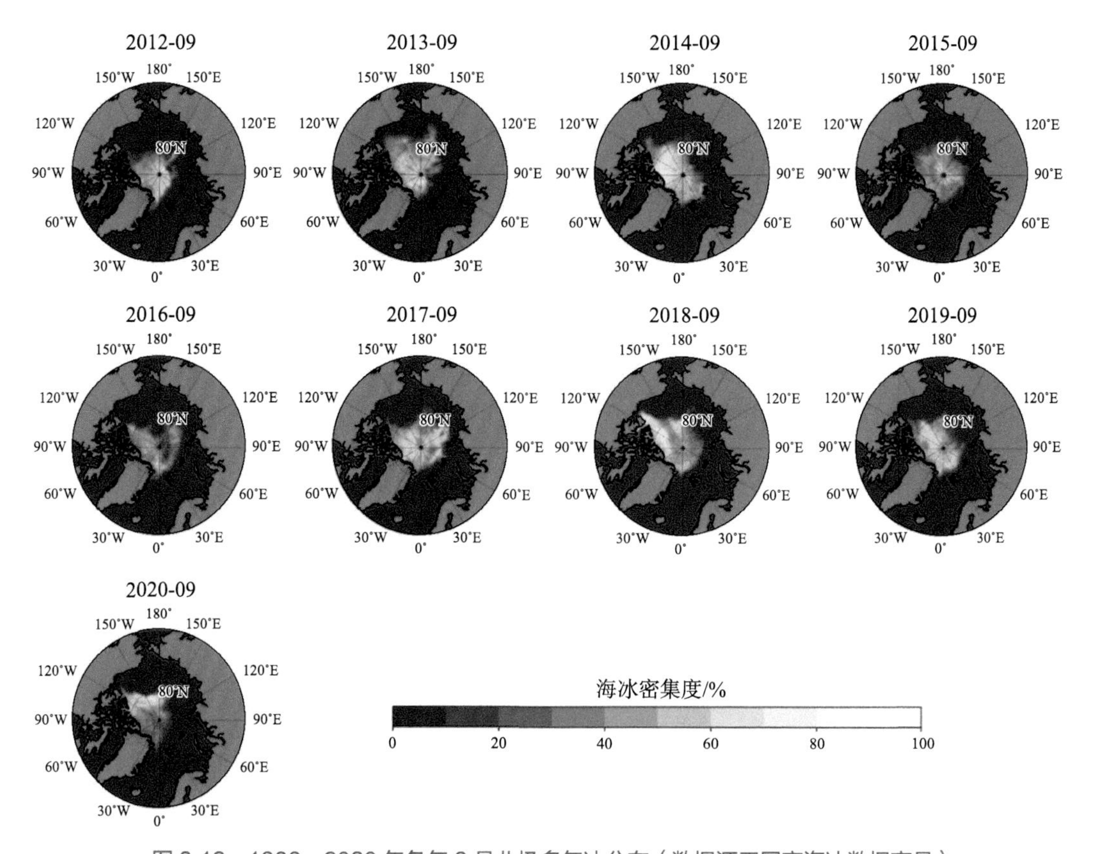

图 3.12　1988—2020 年各年 9 月北极多年冰分布（数据源于国产海冰数据产品）

第4章

1979—2020年
北极航道通航风险评估

旅游勘探及运输等各种目的可能会增加在北极航道航行的船舶数量，而北极航道，尤其是西北航道有限的航道设施和救援能力对航行安全性带来了严峻考验。此外，气象因素如大风、低温、低能见度等，以及水深因素可能会对船舶碰撞、搁浅以及仪器故障等事故数量产生影响。为了减少或避免这些事故的发生，北极航道航行风险需要进行有效的评估。本章主要评估了目前已有通航的两条北极航道，即西北航道和东北航道1979—2020年的通航风险。

4.1　2002—2019 年通航季西北航道气象风险评估

西北航道沿线低能见度出现较为频繁，其中Ⅴ级风险（<500 m）出现的日数最多，其次是 2 级风险（2～4 km），而Ⅳ级风险（0.5～1 km）和Ⅲ级风险（1～2 km）频率较低。低能见度主要出现在西北航道的北线，尤其是兰开斯特海峡入口，其次是加拿大北极群岛两侧的巴芬湾和波弗特海（图 4.1）。

气温低于 0℃即出现低温风险，通航季节 7 月低温频率最低，9 月最高，且各月的低温风险分布有所不同。6—7 月西北航道及其两侧入口处的巴芬湾和波弗特海容易出现低温情况，8—9 月加拿大北极群岛靠近北冰洋一侧的低温频率更高（图 4.2）。

通航季西北航道出现大风风险的频率不高，多为 2 级风险（风速 10.8～13.9 m/s），风速在 13.9 m/s 以上的Ⅳ级和Ⅴ级风险几乎不会发生。航道东侧的兰开斯特海峡和南支水路上的阿蒙森湾是大风发生频率较高的区域（图 4.3）。

1979—2019 年夏秋季节，低能见度和低温是影响西北航道通航的主要气象风险，在西北航道的北支水路和南支水路的皮尔海峡到维多利亚海峡航段上，有超过 50% 概率出现能见度很低的情况；除阿蒙森湾至加冕湾的部分区域之外，整个加拿大北极群岛地区低温发生频率很高，但随着全球变暖，西北航道的低温频率明显下降（图 4.4、图 4.5）。

风速和能见度是制约船舶引航作业的重要气象条件，结合大风强度、频率以及沿途的低能见度计算的引航综合气象风险值表明，从 1979 年到 2019 年的通航季，西北航道北线在 6、7、8、10 月的引航综合气象风险没有显著变化，而 9 月和 11 月引航风险则分别呈现明显的下降和上升趋势。南线情况和北线类似，但整体风险值略低于北线，且 10 月有明显的下降趋势（图 4.6、图 4.7）。

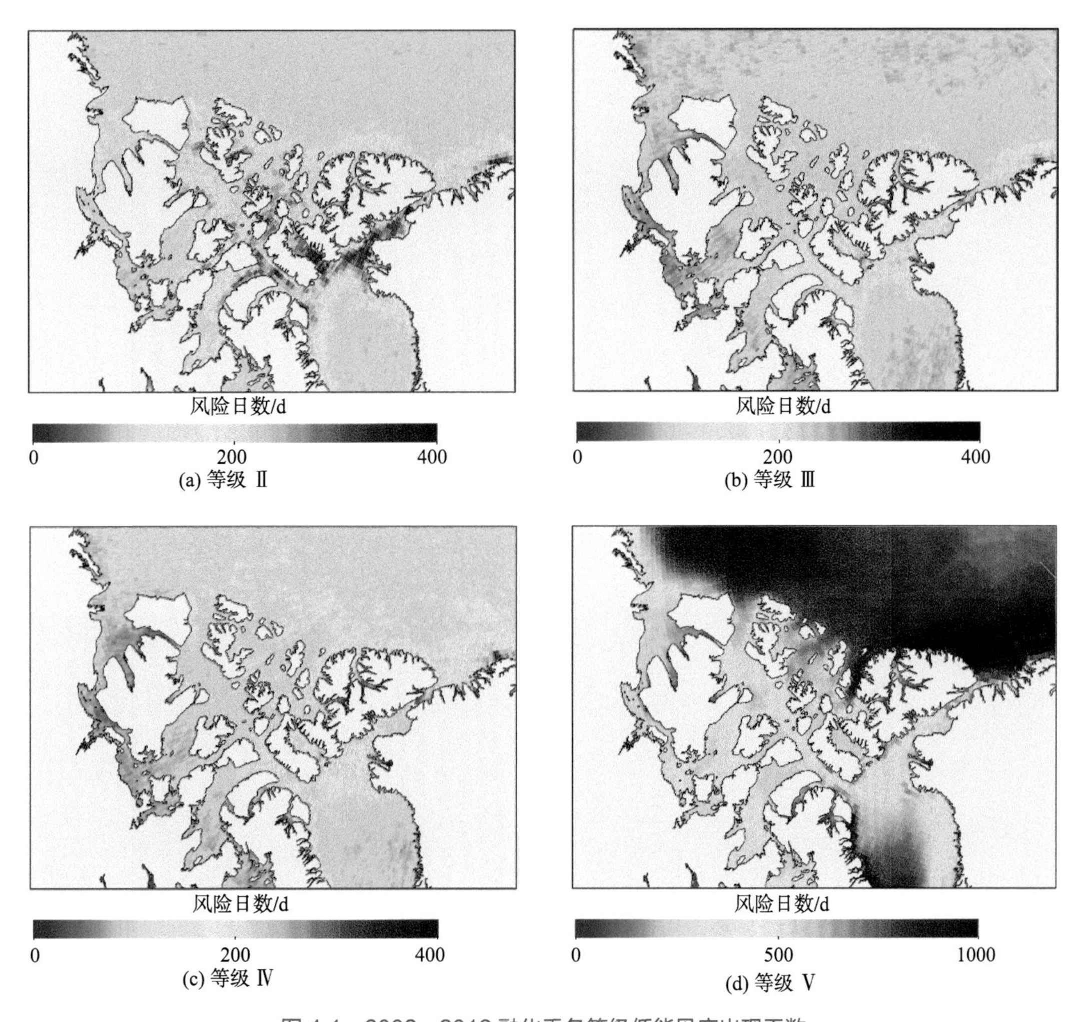

图 4.1　2002—2019 融化季各等级低能见度出现天数

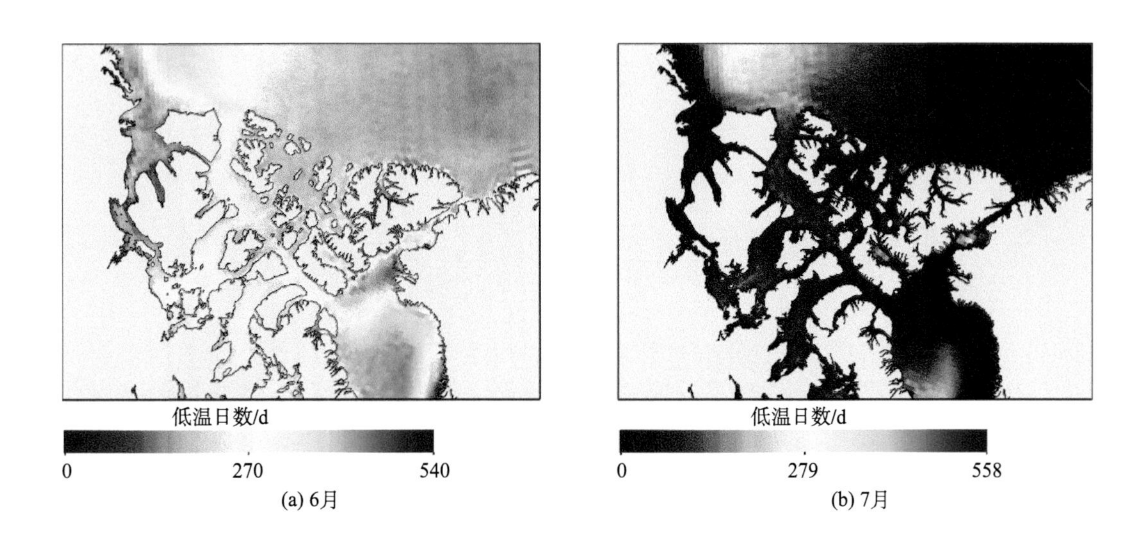

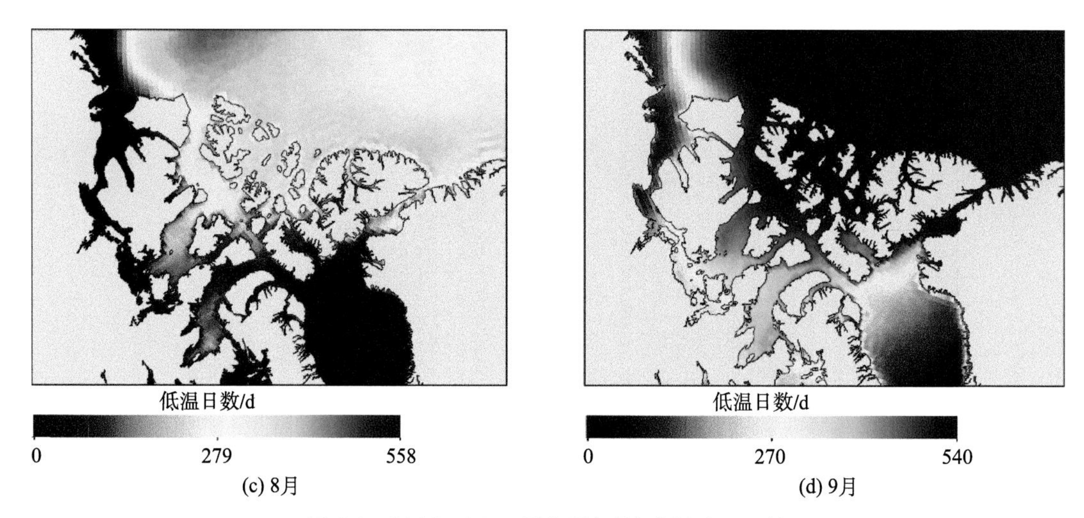

图 4.2 2002—2019 融化季各等级低温出现天数

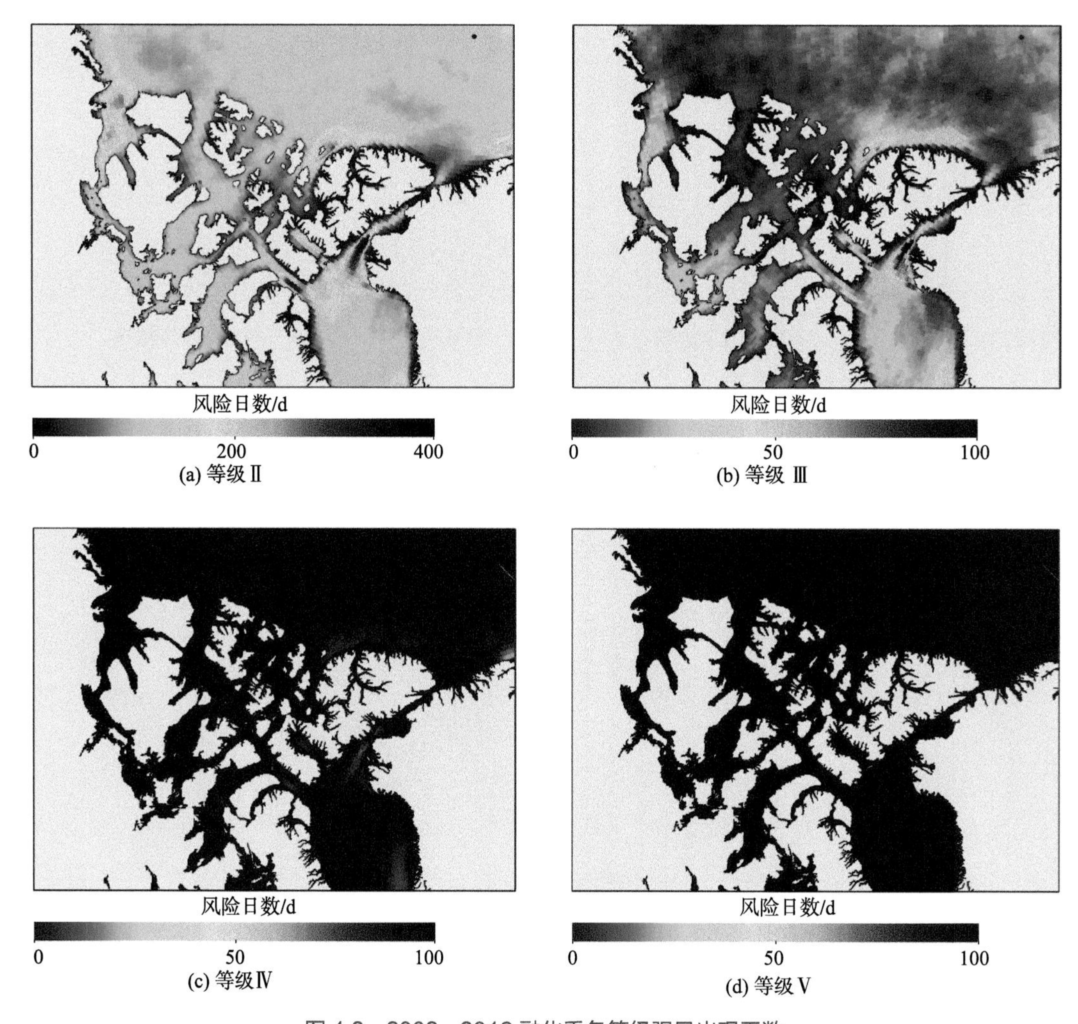

图 4.3 2002—2019 融化季各等级强风出现天数

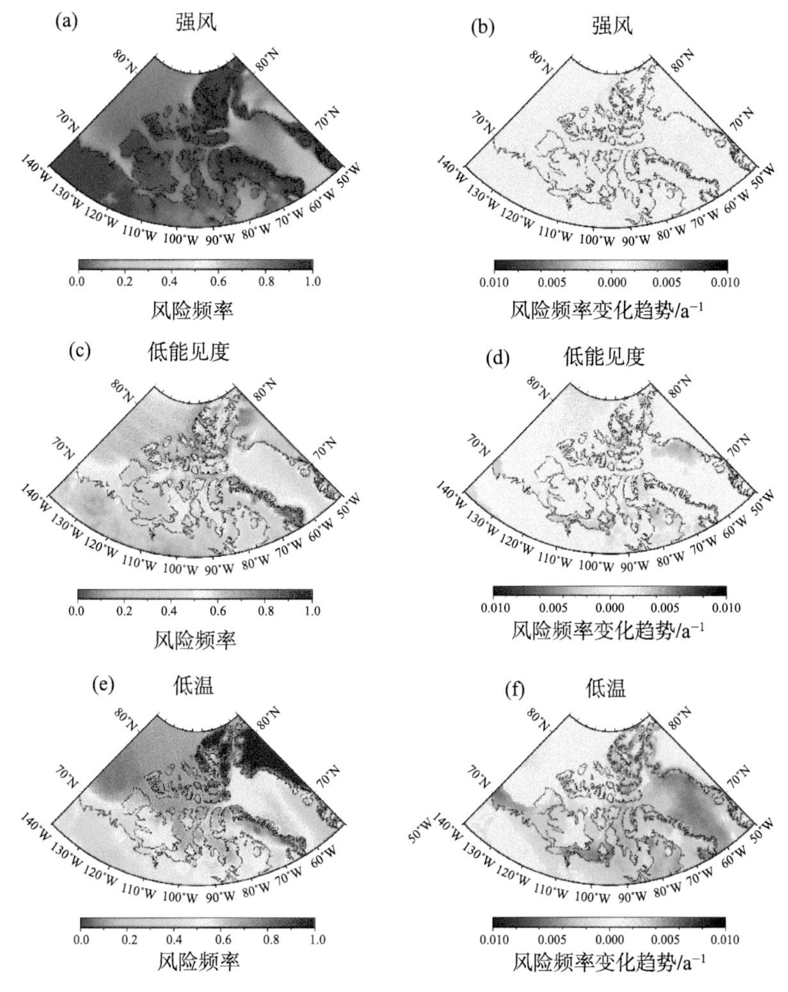

图 4.4　2002—2019 西北航道气象风险频率及其变化趋势

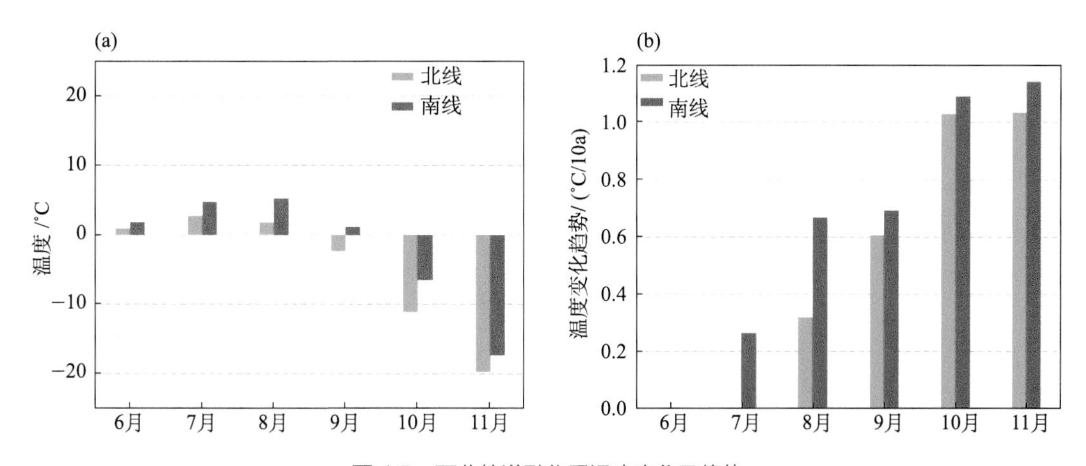

图 4.5　西北航道融化季温度变化及趋势

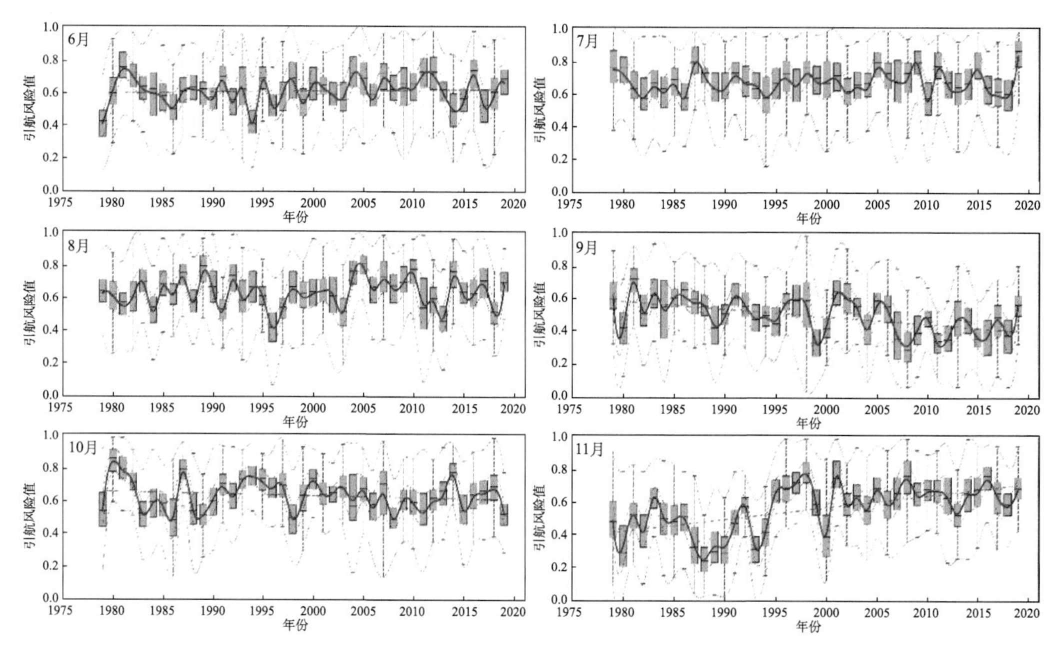

图 4.6 西北航道北线引航综合气象风险

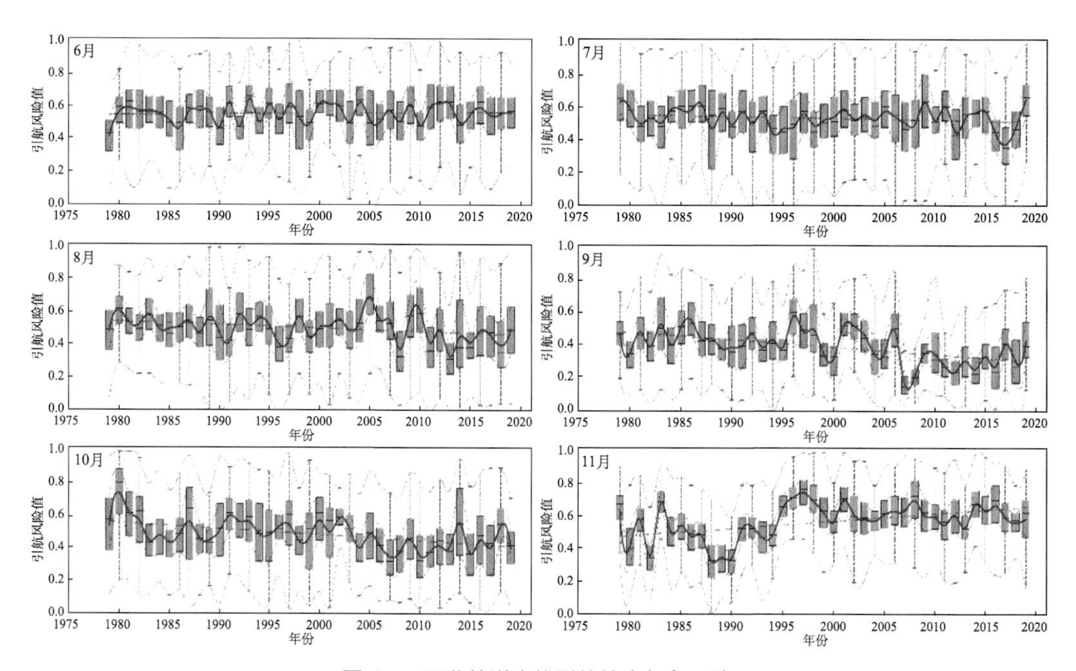

图 4.7 西北航道南线引航综合气象风险

4.2　1979—2020 年通航季西北航道海冰风险评估

1979—2019 年，西北航道通航风险面积整体上呈显著的下降趋势。对于北支水路，9 月是风险下降最快的月份，OW 船舶和 PC6 船舶的风险区域分别以 1307 km^2/a 和 1415 km^2/a 的趋势减小；8 月的风险下降速度仅次于 9 月；而 10 月和 11 月 PC6 船舶的风险下降速率明显高于 OW 船舶。这表明，随着全球变暖的加剧，西北航道内的多年冰萎缩，北线部分水域已经逐渐满足了破冰等级较高船舶的作业条件，但对于无破冰能力的船舶来说，该水域需要海冰基本消失后才能航行（图 4.8）。虽然 PC6 船舶在北线的风险下降率比 OW 船舶更快，但两类船舶在南支水路的风险面积下降率相当。这是因为南线海冰以新冰或一年冰为主，厚度通常为 0.3～1.2 m，季节变率大，8—9 月风险面积远小于 6—7 月（图 4.9）。

以 RIO 表征的船舶通航风险的分布表明，尽管 2010—2019 年的 9 月西北航道风险等级明显下降，但 OW 船舶仍不能单独航行，这取决于具体年份的巴罗海峡、维多利亚海峡等主要的海冰风险地区的冰情，总体上西北航道对 OW 船不是一条稳定的航线（图 4.10）。PC6 船舶的海冰风险在 9 月经历了更显著的降级，PC6 船舶在北线的西帕里水道的航行状态逐渐从危险状态转变为正常状态，其中 2008、2010、2011、2012 和 2015 年最为突出；9 月的南线已成为 PC6 船舶的无海冰风险航线（图 4.11）。

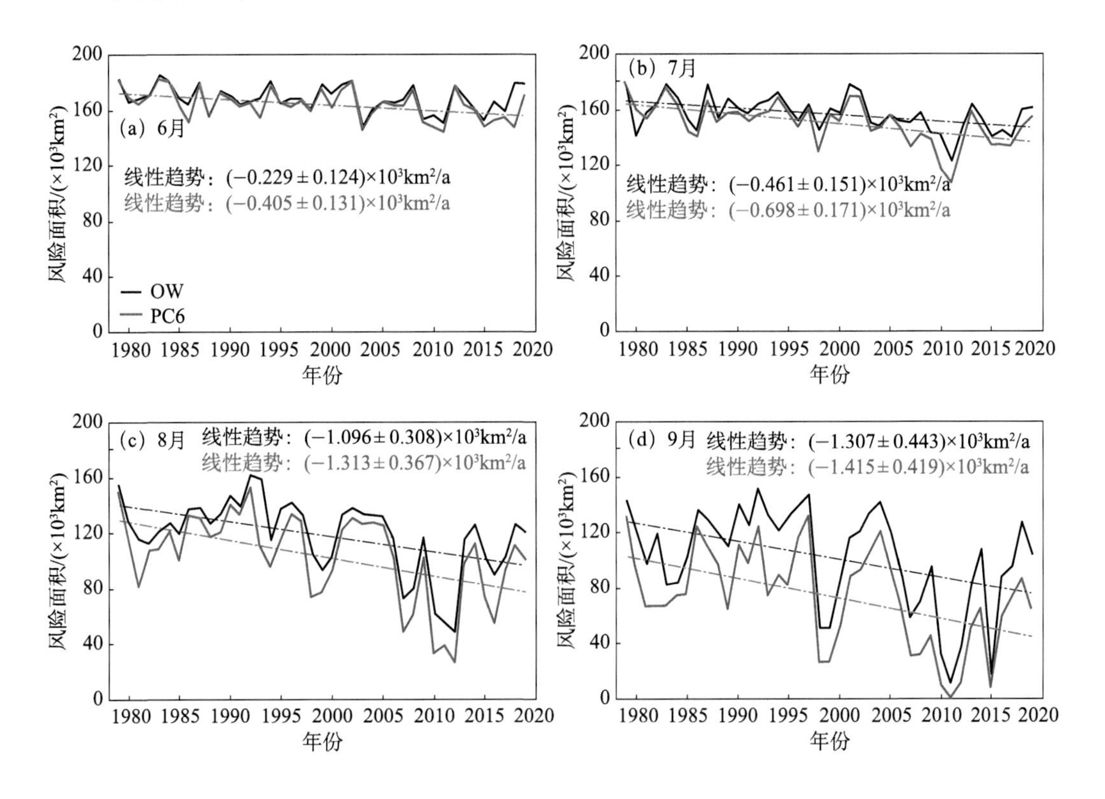

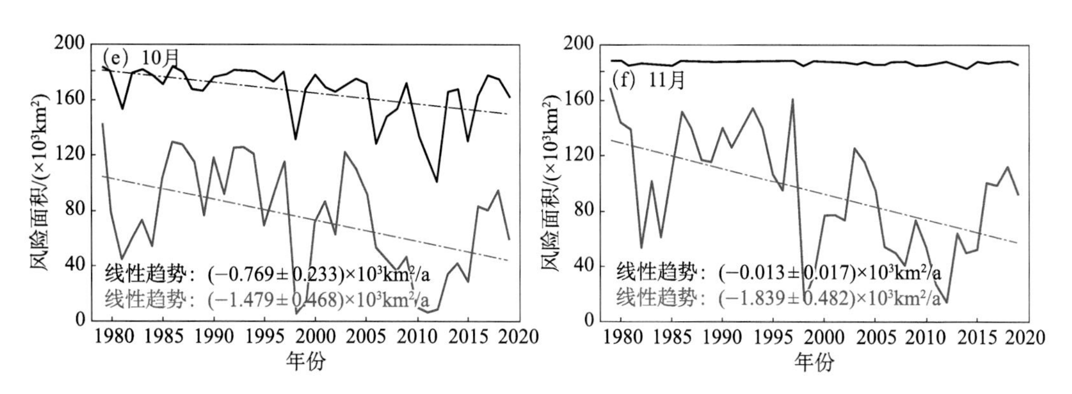

图 4.8　西北航道北线通航季（6—11 月）海冰风险演变及其趋势

（图中黑线和蓝线分别表示 OW 船舶和 PC6 船舶的通航风险）

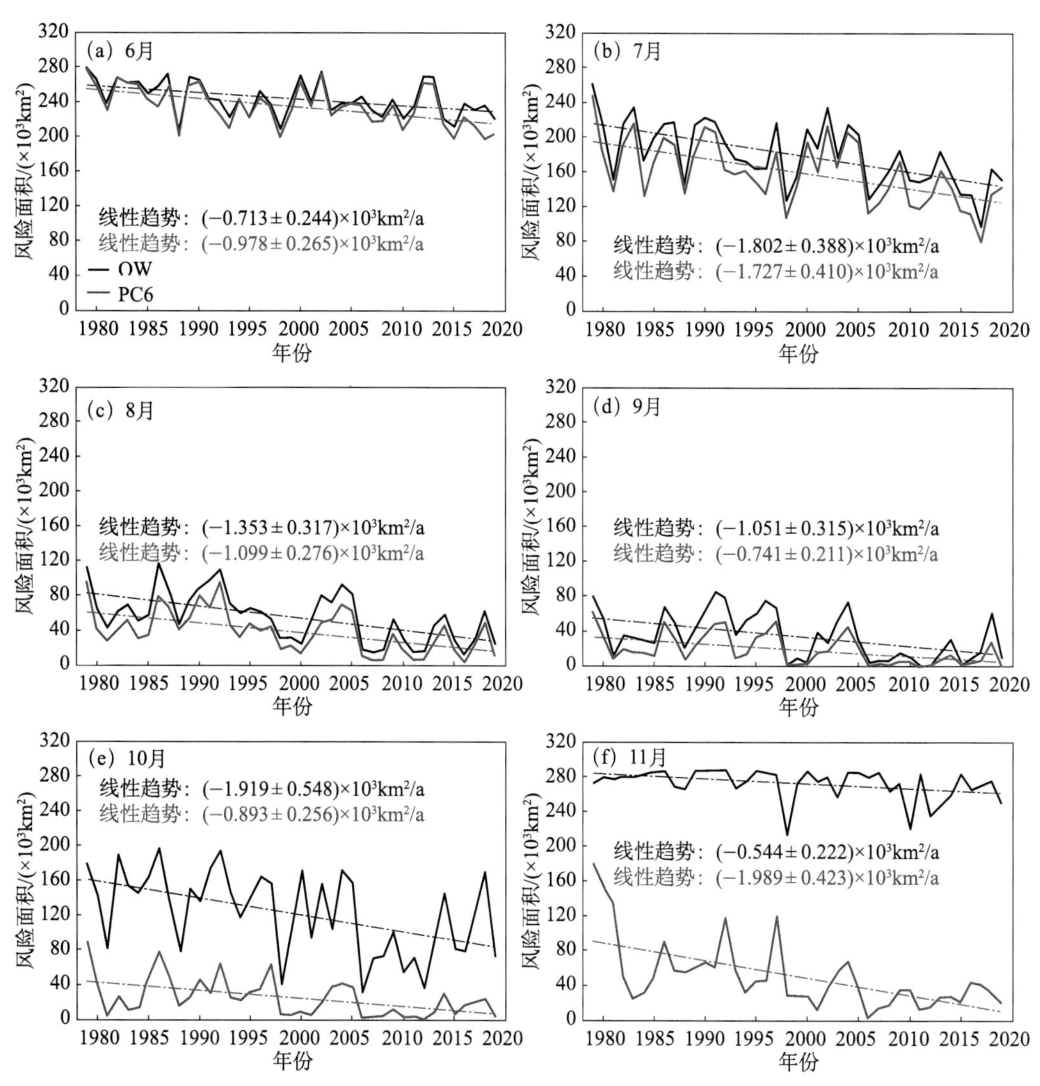

图 4.9　西北航道南线通航季（6—11 月）海冰风险演变及其趋势

（图中黑线和蓝线分别表示 OW 船舶和 PC6 船舶的通航风险）

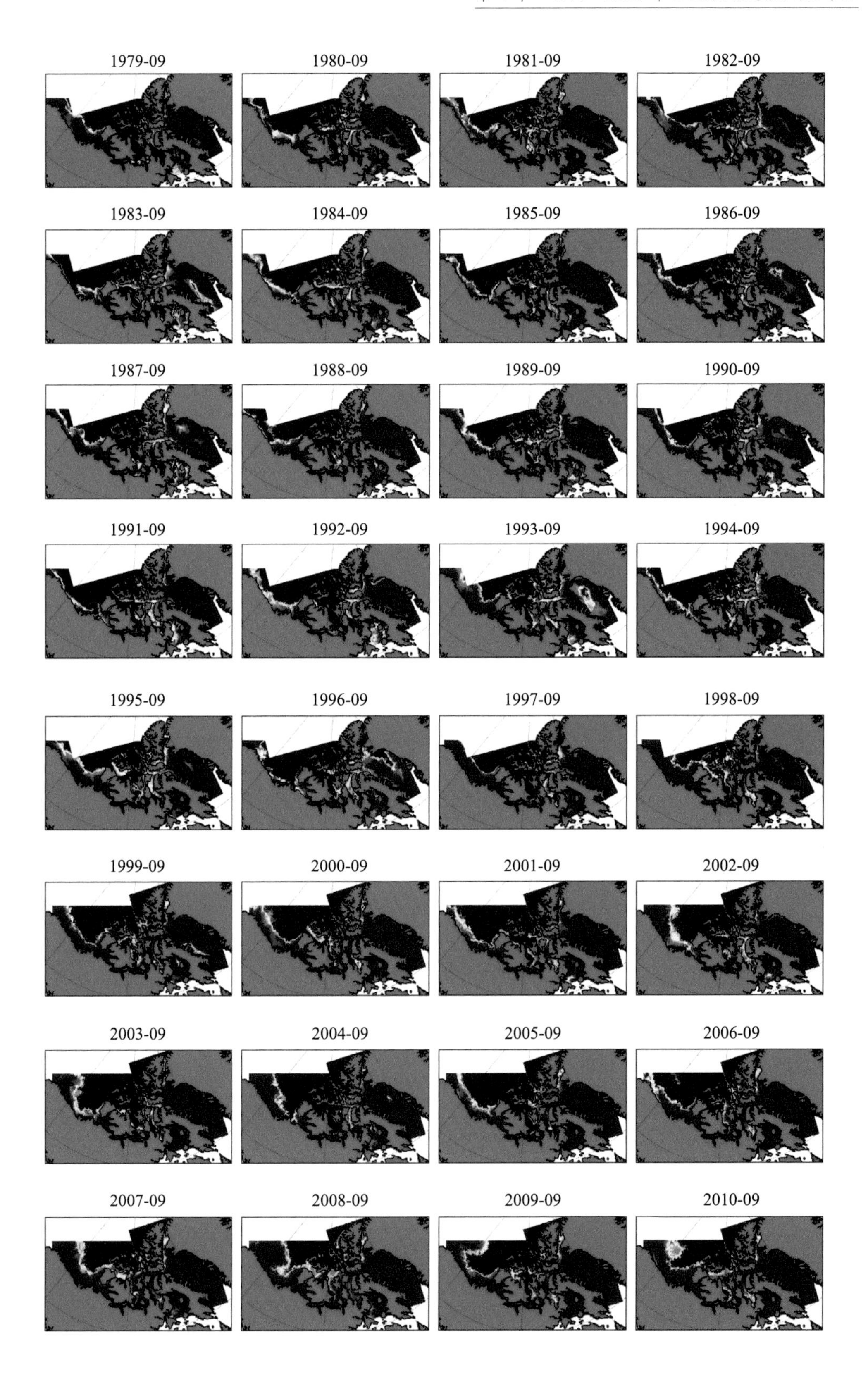
1979-09
1980-09
1981-09
1982-09
1983-09
1984-09
1985-09
1986-09
1987-09
1988-09
1989-09
1990-09
1991-09
1992-09
1993-09
1994-09
1995-09
1996-09
1997-09
1998-09
1999-09
2000-09
2001-09
2002-09
2003-09
2004-09
2005-09
2006-09
2007-09
2008-09
2009-09
2010-09

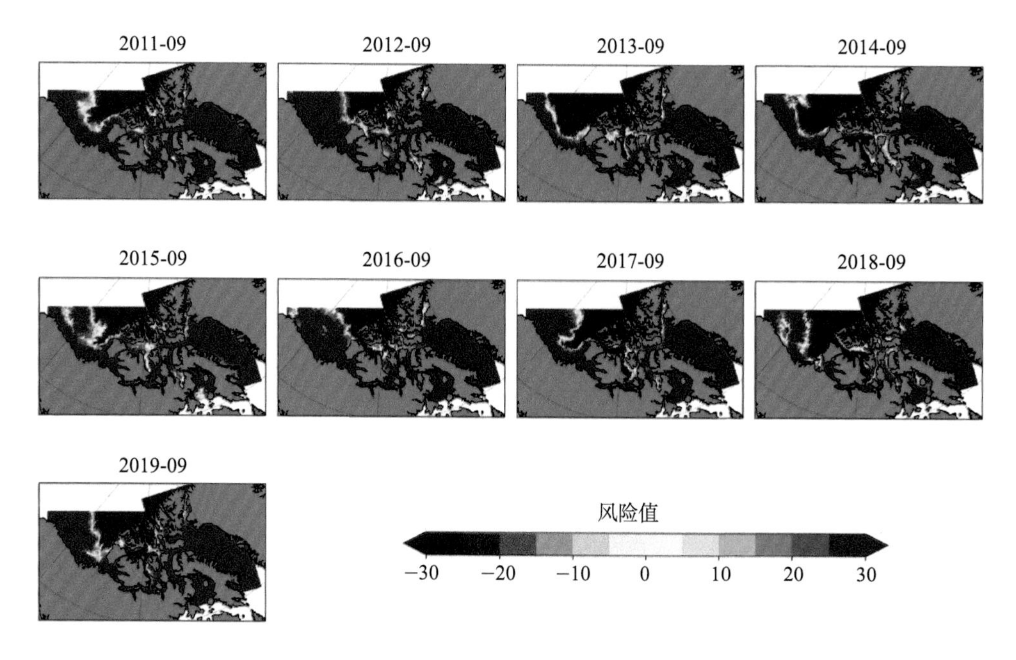

图 4.10　1979—2019 年 9 月西北航道风险分布（针对 OW 船舶）

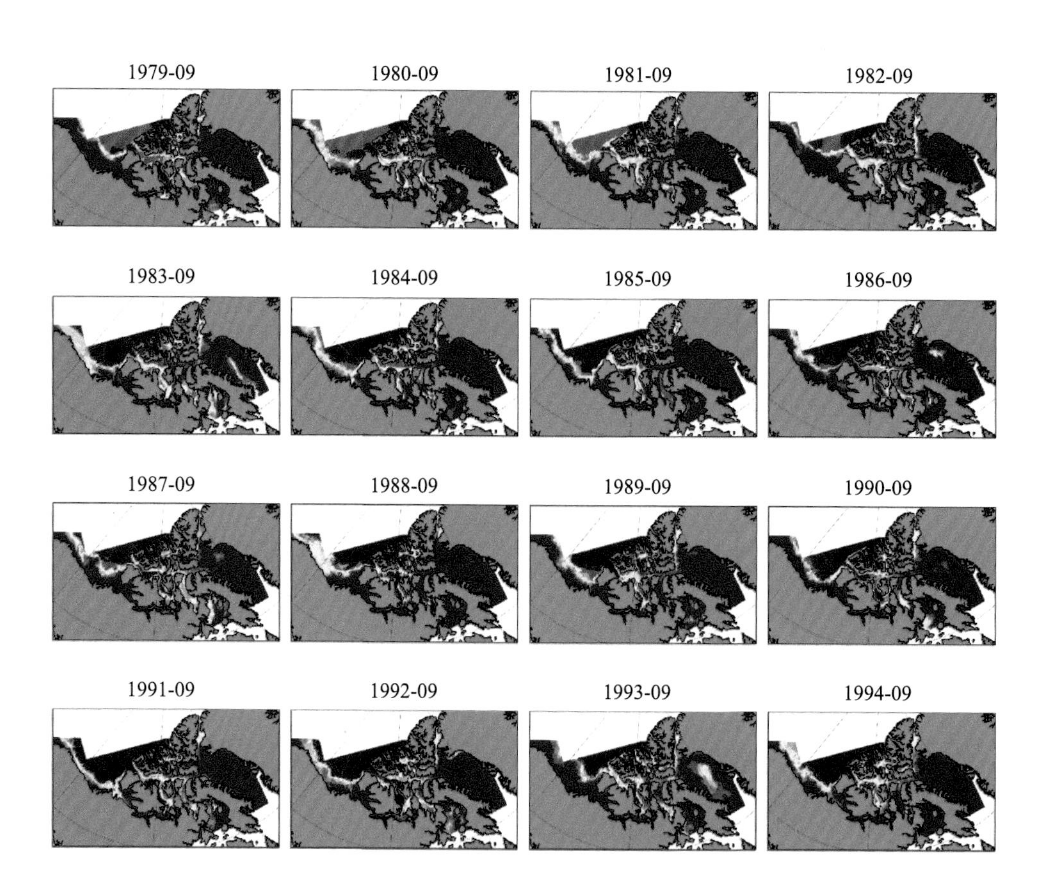

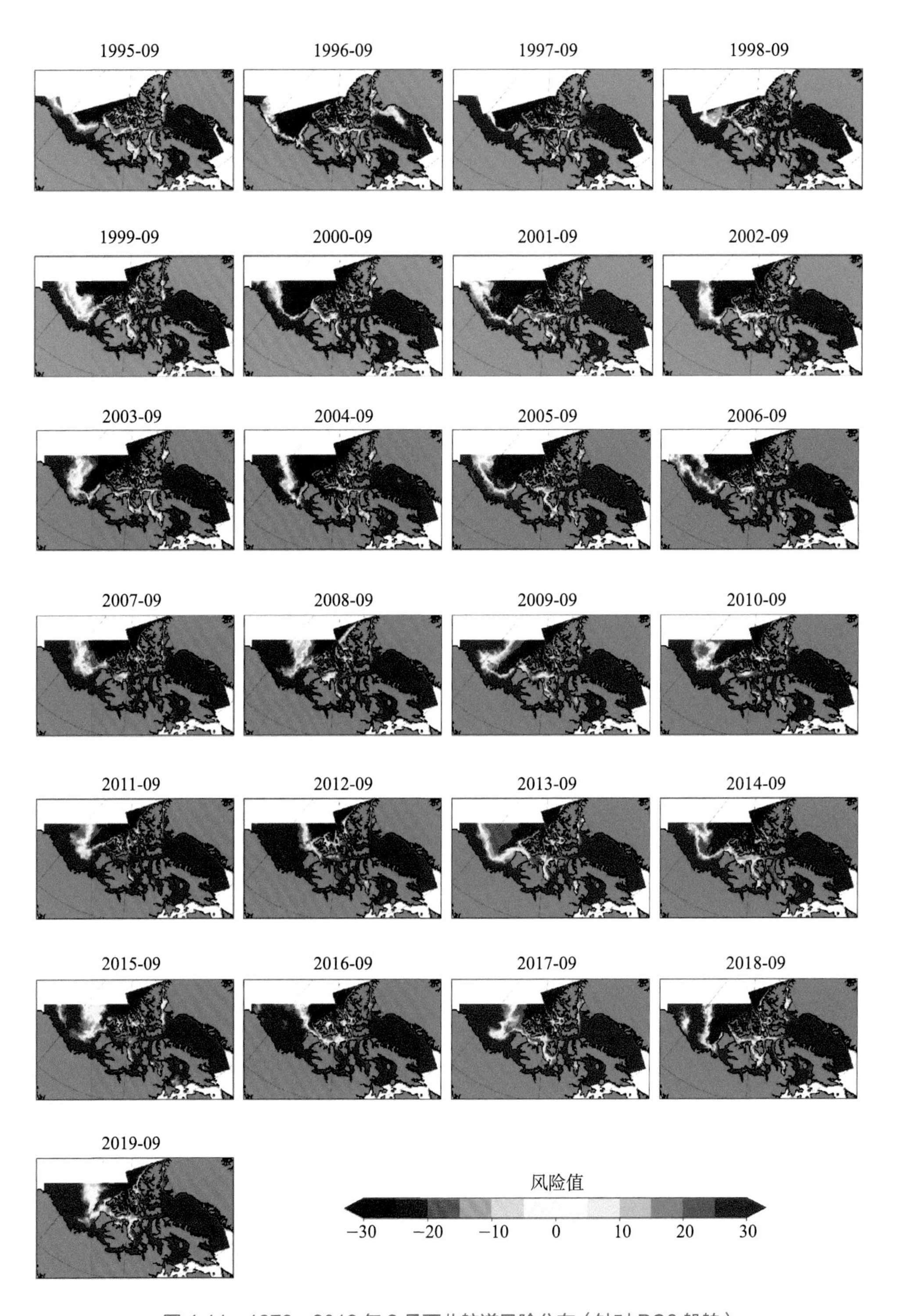

图 4.11　1979—2019 年 9 月西北航道风险分布（针对 PC6 船舶）

4.3 1979—2020 年通航季东北航道海冰风险评估

1988—2020 年东北航道通航季各月风险范围均呈减小趋势，尤其是 10 月下降速率最为快，对 OW 船舶和 PC6 船舶分别达到 2.2 万 km^2/a 和 2.3 万 km^2/a（图 4.12）。2010 年之后的 8 月和 9 月，PC6 船舶在东北航道的航行几乎处于无风险状态；OW 船舶的风险相比其他月份也大幅降低，影响 OW 船舶航行的关键区域通常是北地群岛附近海域，如 2007 年和 2013 年的 9 月，直接阻挡了船舶的通行（图 4.13、图 4.14）。

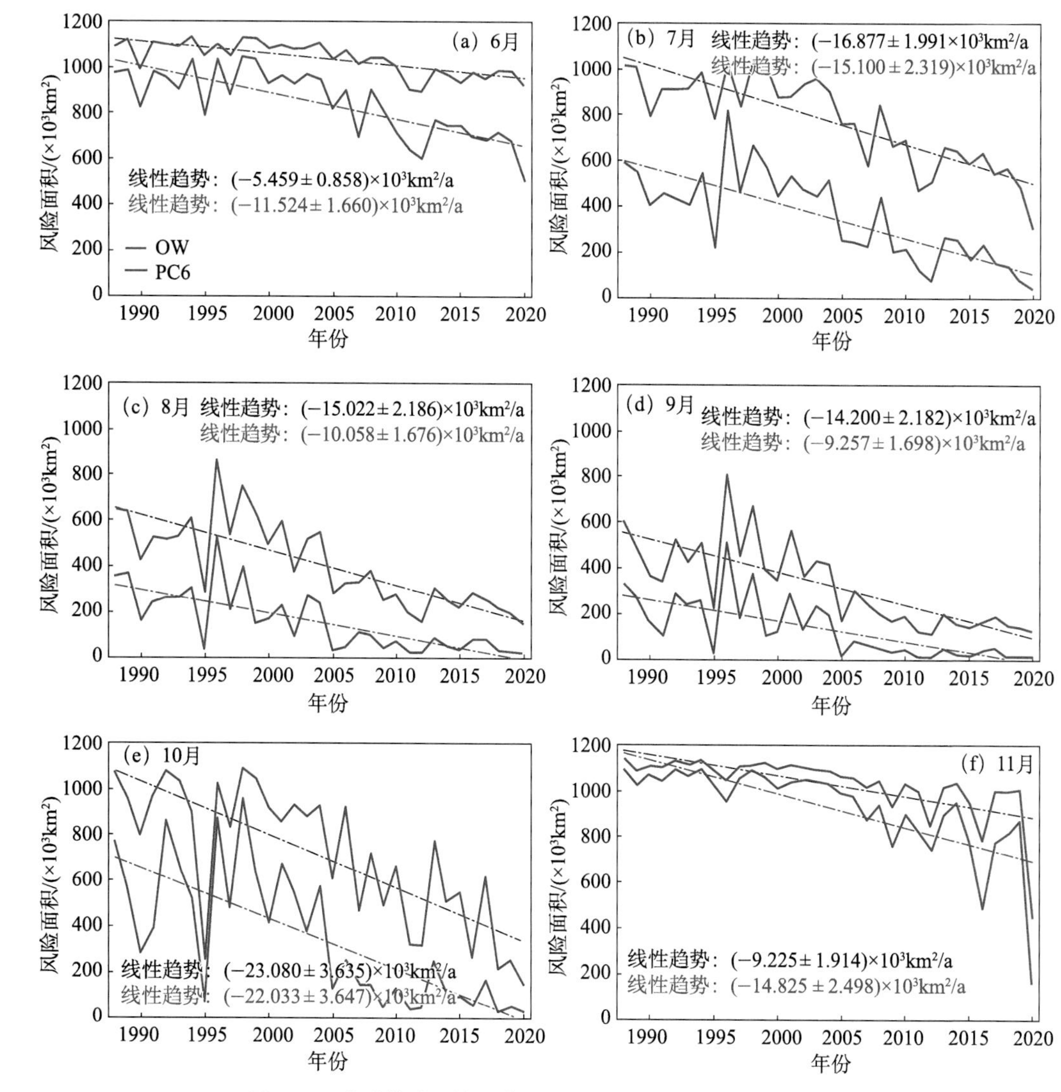

图 4.12 东北航道通航季（6—11 月）海冰风险演变及其趋势
（图中黑线和蓝线分别表示 OW 船舶和 PC6 船舶的通航风险）

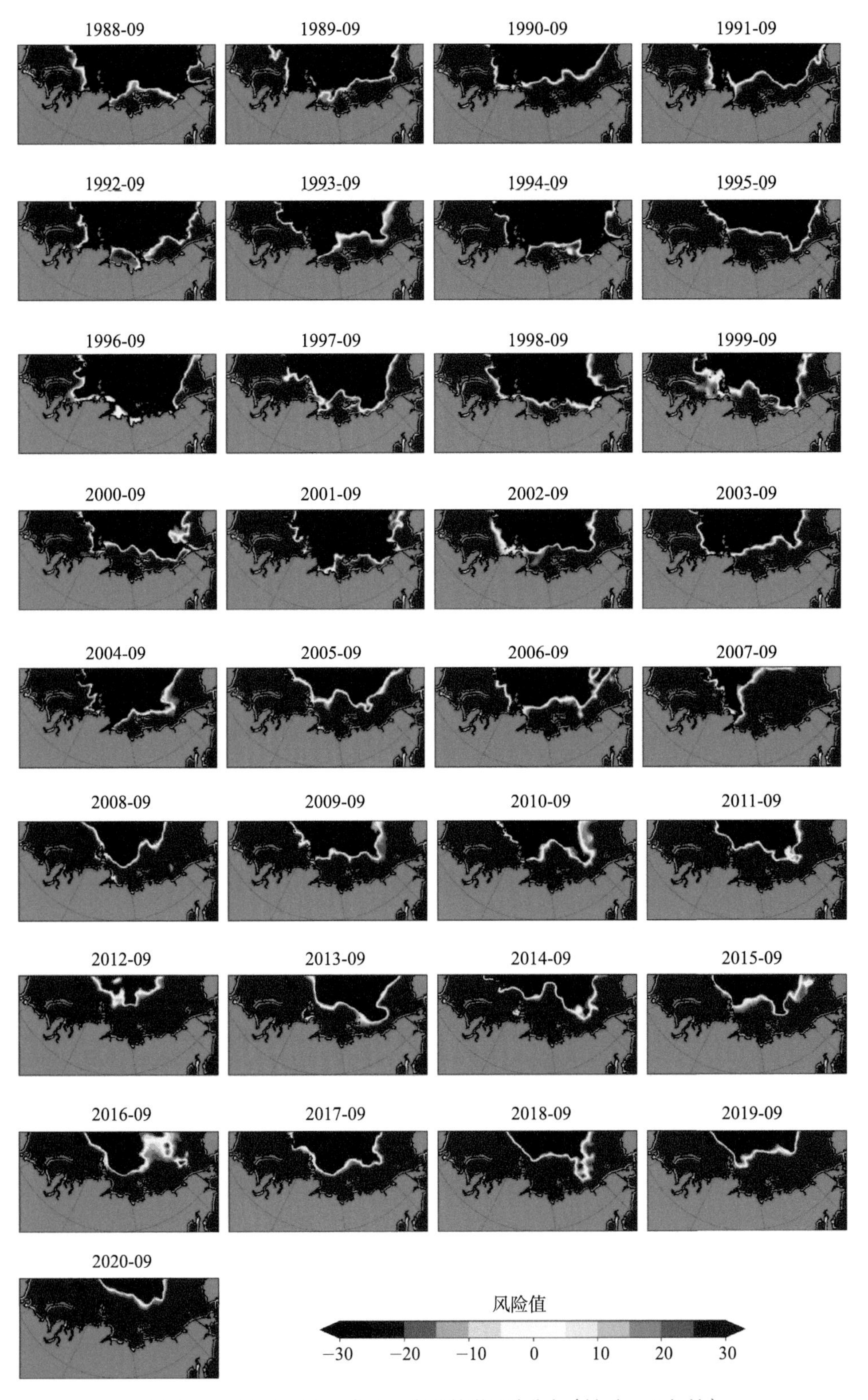

图 4.13　1988—2020 年 9 月东北航道风险分布（针对 OW 船舶）

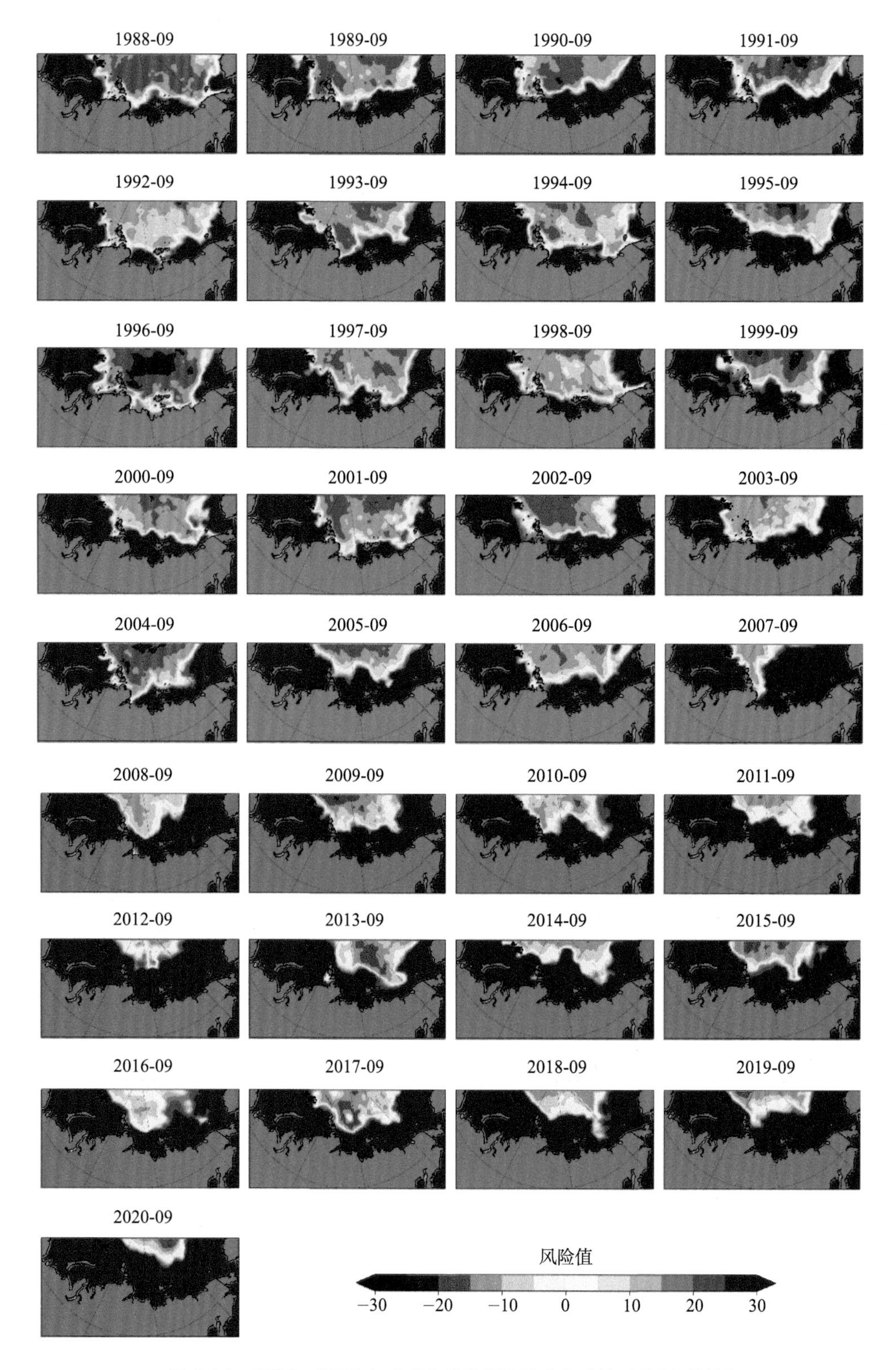

图 4.14　1988—2020 年 9 月东北航道风险分布（针对 PC6 船舶）

第5章

2021—2100年北极海冰预估

北极海冰的快速减少和变薄已引起了国际范围内的广泛关注，并对许多利益相关者提出了挑战，包括北极航道航行安全、气候变化研究、自然资源开发和可持续发展、地缘政治、北极沿岸部落群体生活方式等。此外，北极海冰快速变化对我国的气候异常、环境状况等方面也有重要影响。例如，北极海冰的减少可以通过减弱中高纬的西风急流，使得中高纬地区阻塞形势出现的频率增加，北极冷空气入侵频率增加，可致当地冬季低温天气频繁和异常降雪。此外，北极海冰的减少，会影响大气环流，使得北方大气扩散条件减弱，引起冬春季雾霾的增加。因此，研究北极海冰未来的变化趋势及特征，是制定气候适应和减缓政策，规划北极航道开发利用的基础和关键。本章基于 CMIP6 多模式预估数据，采用海冰误差订正方案和集合预估方法，展示了 2020—2100 年北极海冰密集度和海冰厚度的分布和演变。

5.1 北极海冰密集度

多模式集合（MME）结果显示，SSP1-2.6 情景下，北极 9 月海冰面积将在 21 世纪末减小至约 200 万 km^2，而 SSP2-4.5 和 SSP5-8.5 情景下，北极 9 月海冰将分别在 2076 年、2055 年消失，但各模式预估的北极无海冰出现时间存在明显差异。与集合平均相比，ACCESS-CM2，CESM2，EC-Earth3，IPSL-CM6A-LR，MRI-ESM2-0，NESM3 模拟的海冰密集度偏低，而 GFDL-ESM4，MIROC6，MPI-ESM1-2-HR，MPI-ESM1-2-LR，NorESM2-LM，NorESM2-MM模拟的海冰密集度偏大，ACCESS-ESM1-5，CESM-WACCM，EC-Earth3-Veg 模拟的海冰密集度与 MME 相近（图 5.1）。

SSP1-2.6 情景下，21 世纪中期（2051—2065 年）海冰面积比初期（2021—2035 年）有明显减小，末期（2086—2100 年）比中期略少（图 5.2～图 5.4）。SSP2-4.5 情景下，大部分模式模拟显示，21 世纪中期 9 月，除加拿大北极群岛北侧有少量海冰之外，北冰洋其他海域海冰几乎消失；到 21 世纪末期，16 个模式中有 11 个模式均模拟出北极 9 月海冰几乎完全消失的情况（图 5.5～图 5.7）。SSP5-8.5 情景下，21 世纪初期和中期的海冰分布情况与 SSP2-4.5 情景下相似；而末期所有模式都呈现北极海冰完全消失的情况（图 5.8～图 5.10）。

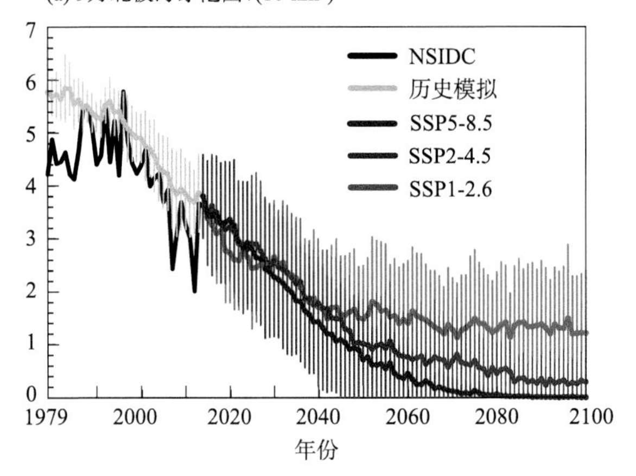

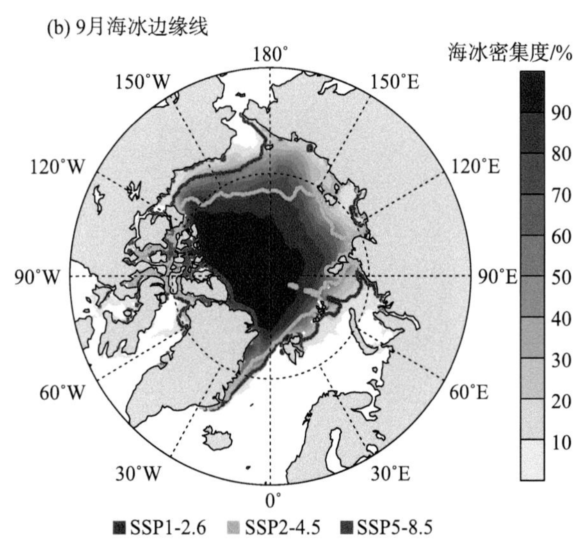

图 5.1　不同情景下 21 世纪海冰密集度变化及 21 世纪末海冰范围

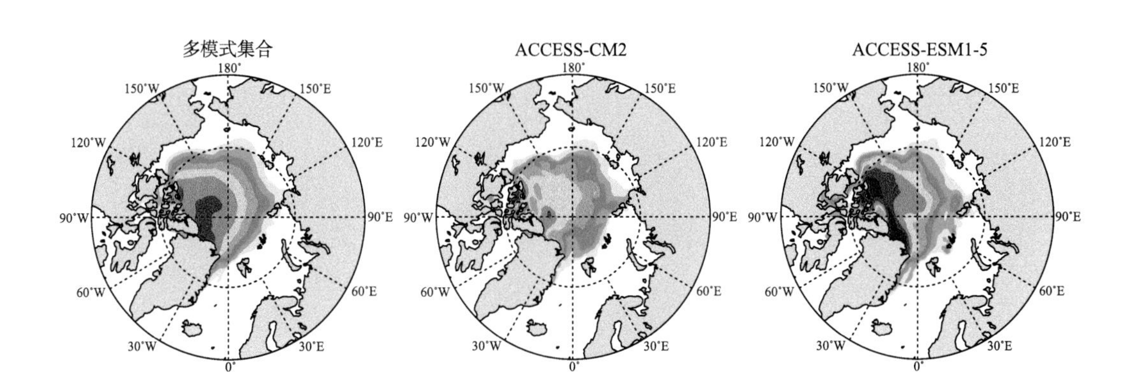

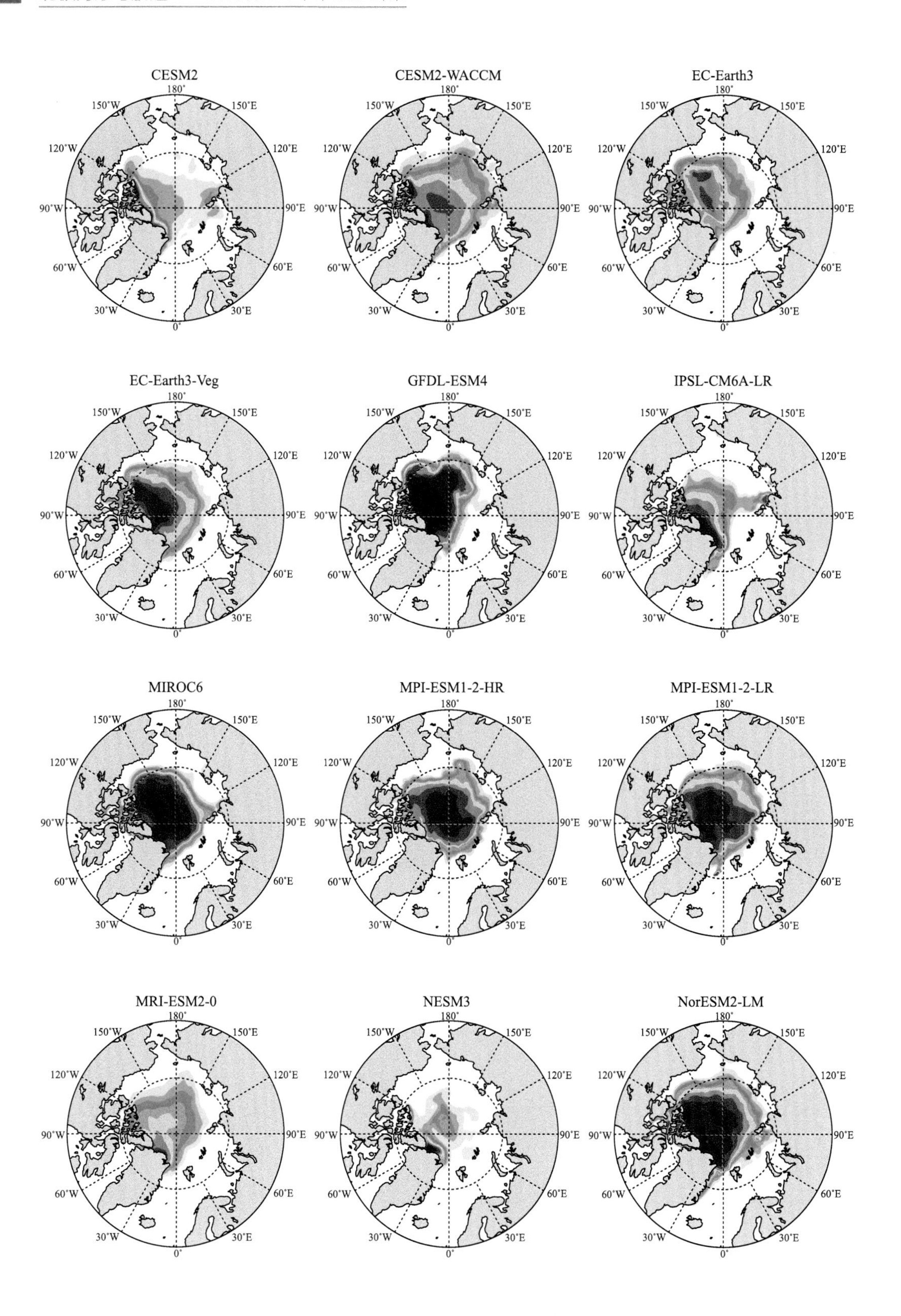
CESM2
CESM2-WACCM
EC-Earth3
EC-Earth3-Veg
GFDL-ESM4
IPSL-CM6A-LR
MIROC6
MPI-ESM1-2-HR
MPI-ESM1-2-LR
MRI-ESM2-0
NESM3
NorESM2-LM
180°
150°W
150°E
120°W
120°E
90°W
90°E
60°W
60°E
30°W
30°E
0°

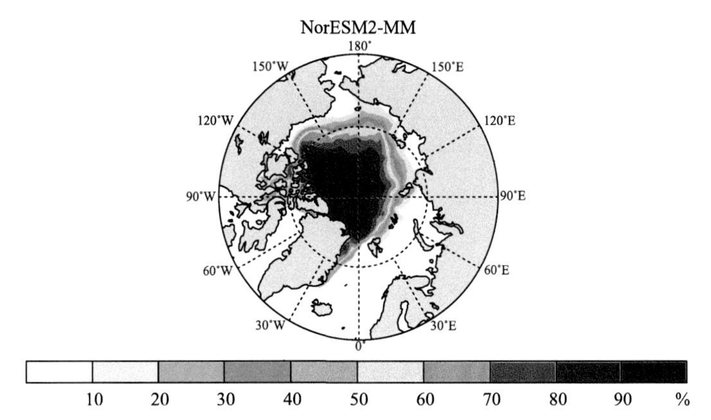

图 5.2　多模式集合和单个模式模拟的 SSP1-2.6 情景下
21 世纪前期（2021—2035 年）9 月海冰密集度分布

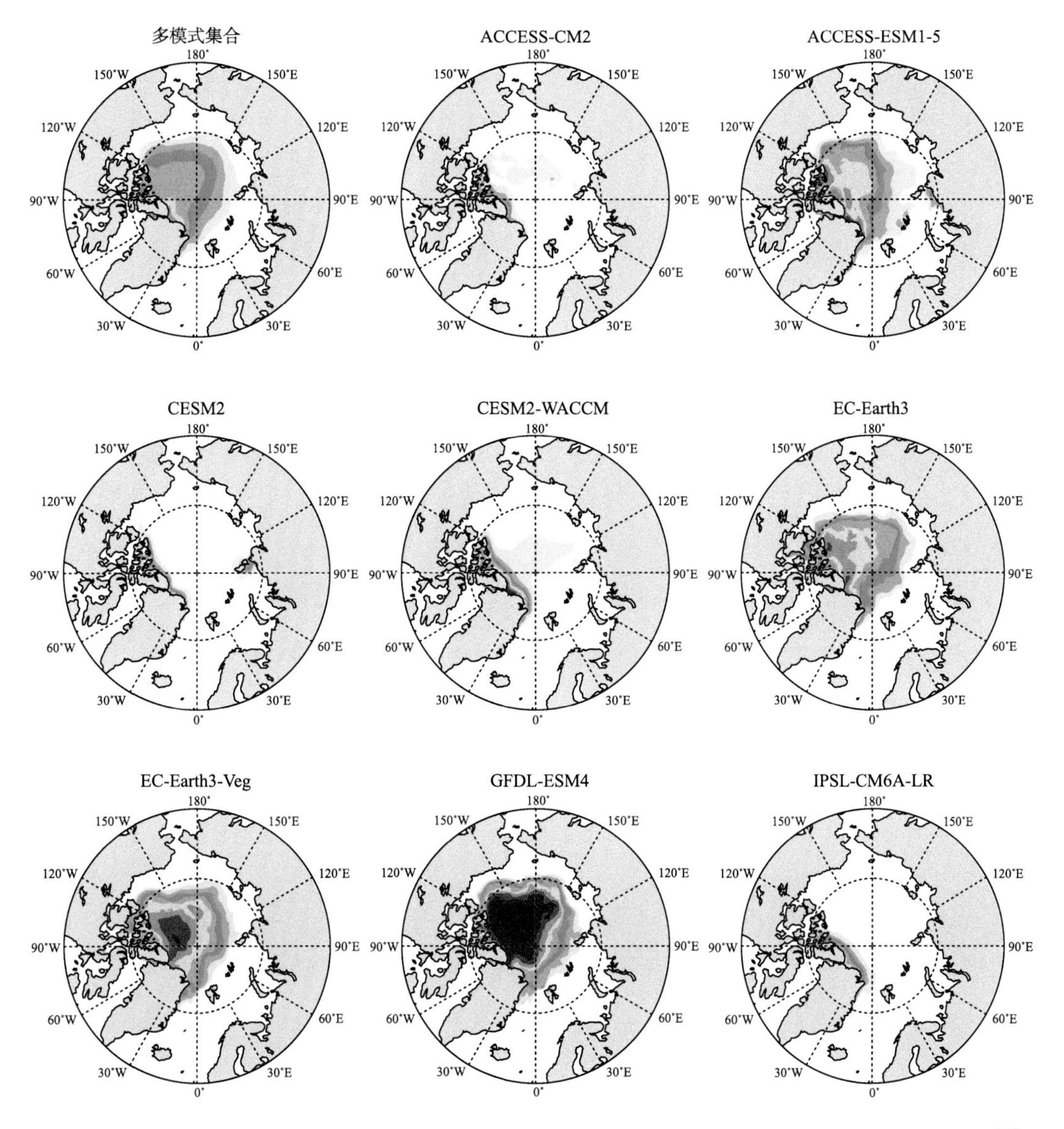

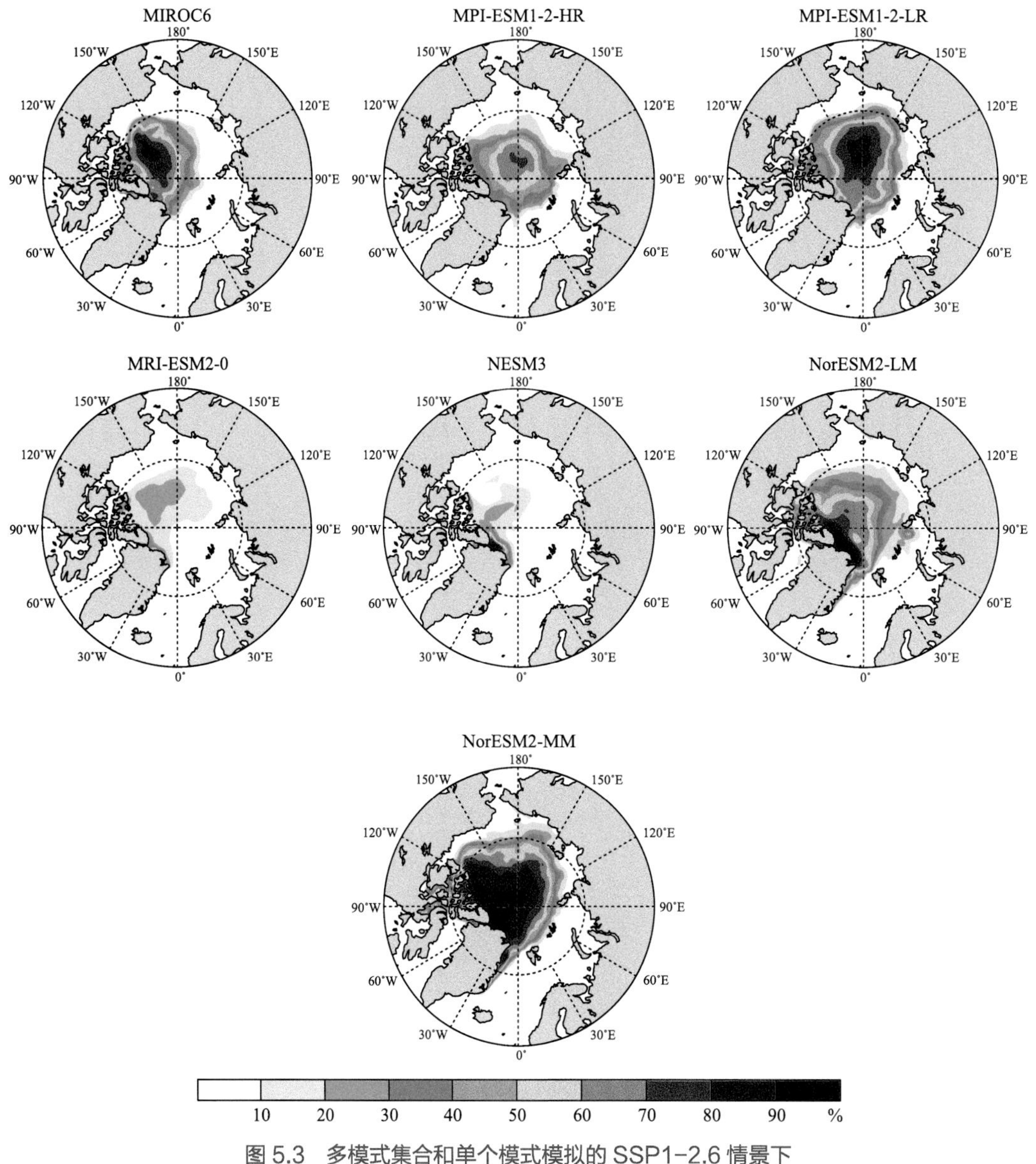

图 5.3　多模式集合和单个模式模拟的 SSP1-2.6 情景下
21 世纪中期（2051—2065 年）9 月海冰密集度分布

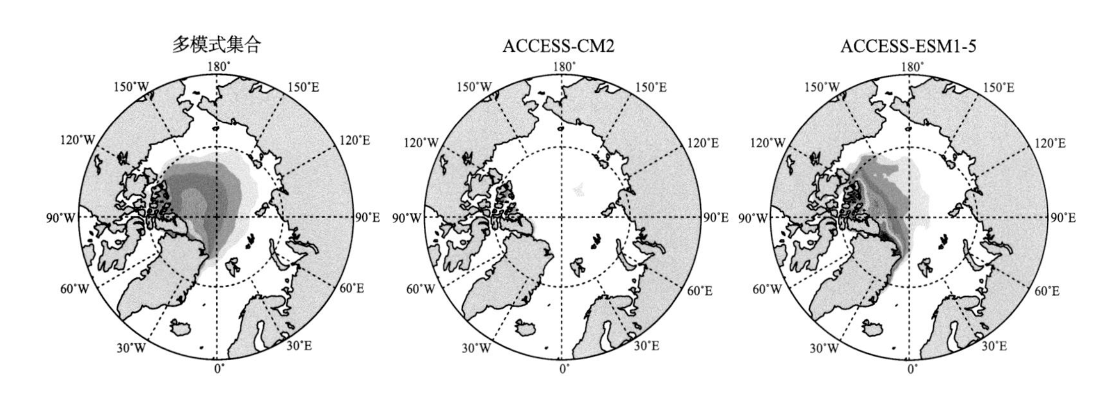

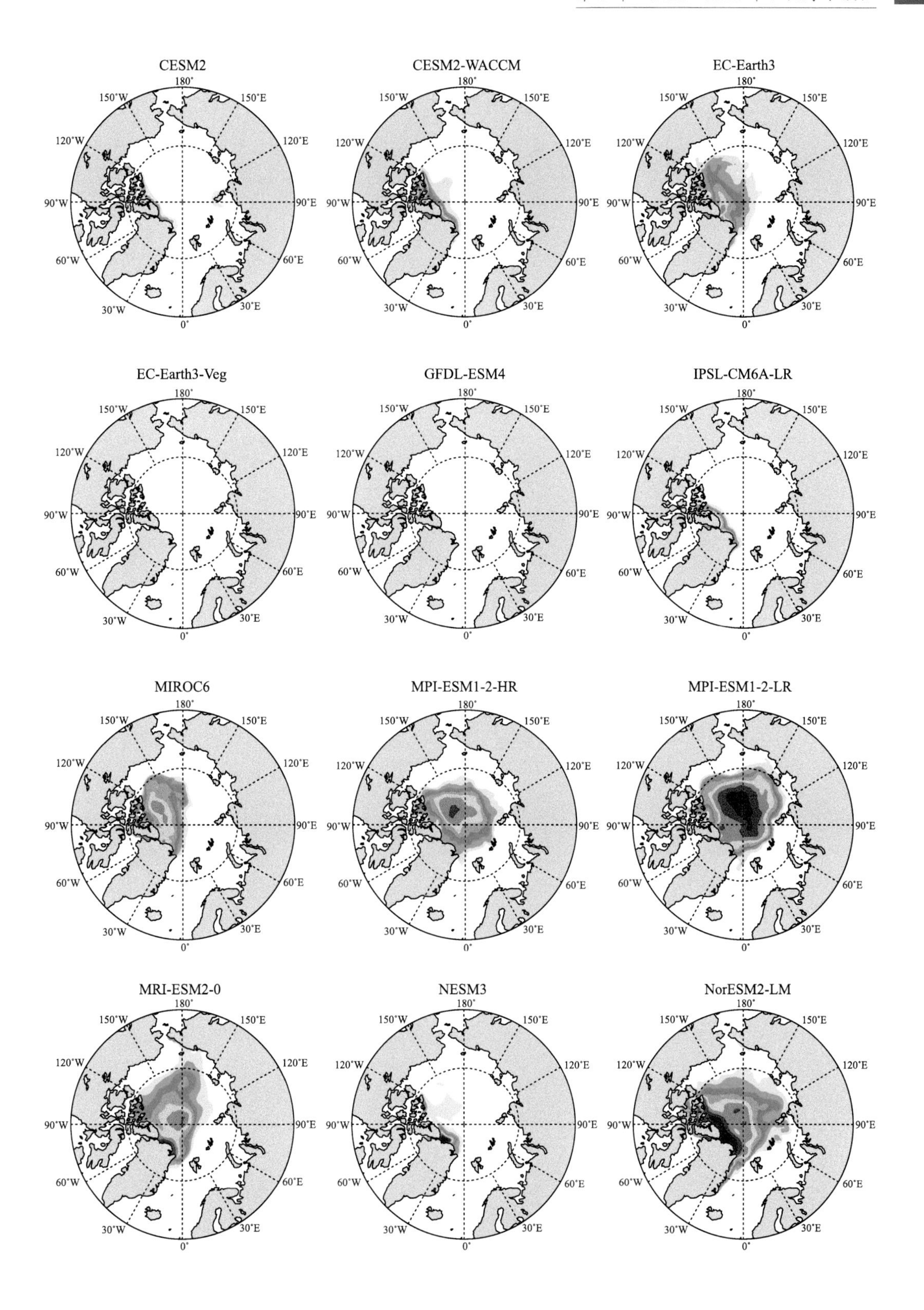
CESM2
CESM2-WACCM
EC-Earth3
EC-Earth3-Veg
GFDL-ESM4
IPSL-CM6A-LR
MIROC6
MPI-ESM1-2-HR
MPI-ESM1-2-LR
MRI-ESM2-0
NESM3
NorESM2-LM
180°
150°W
150°E
120°W
120°E
90°W
90°E
60°W
60°E
30°W
30°E
0°

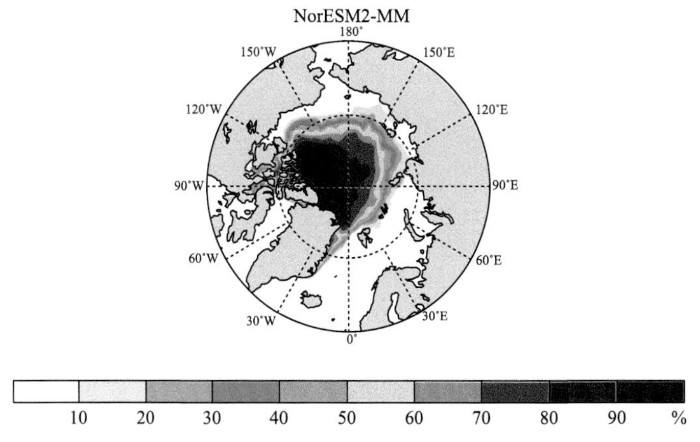

图 5.4 多模式集合和单个模式模拟的 SSP1-2.6 情景下
21 世纪末期（2086—2100 年）9 月海冰密集度分布

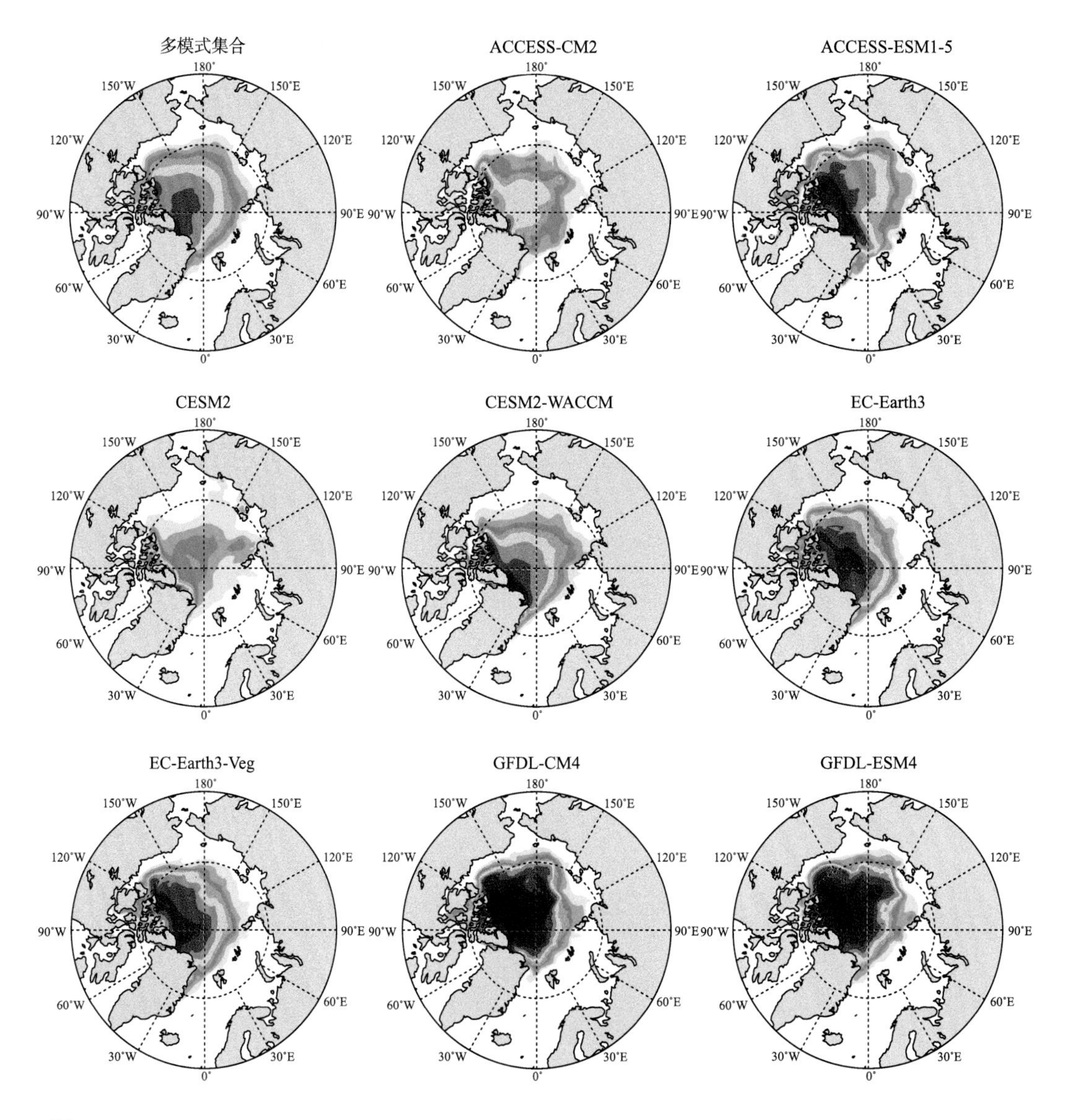

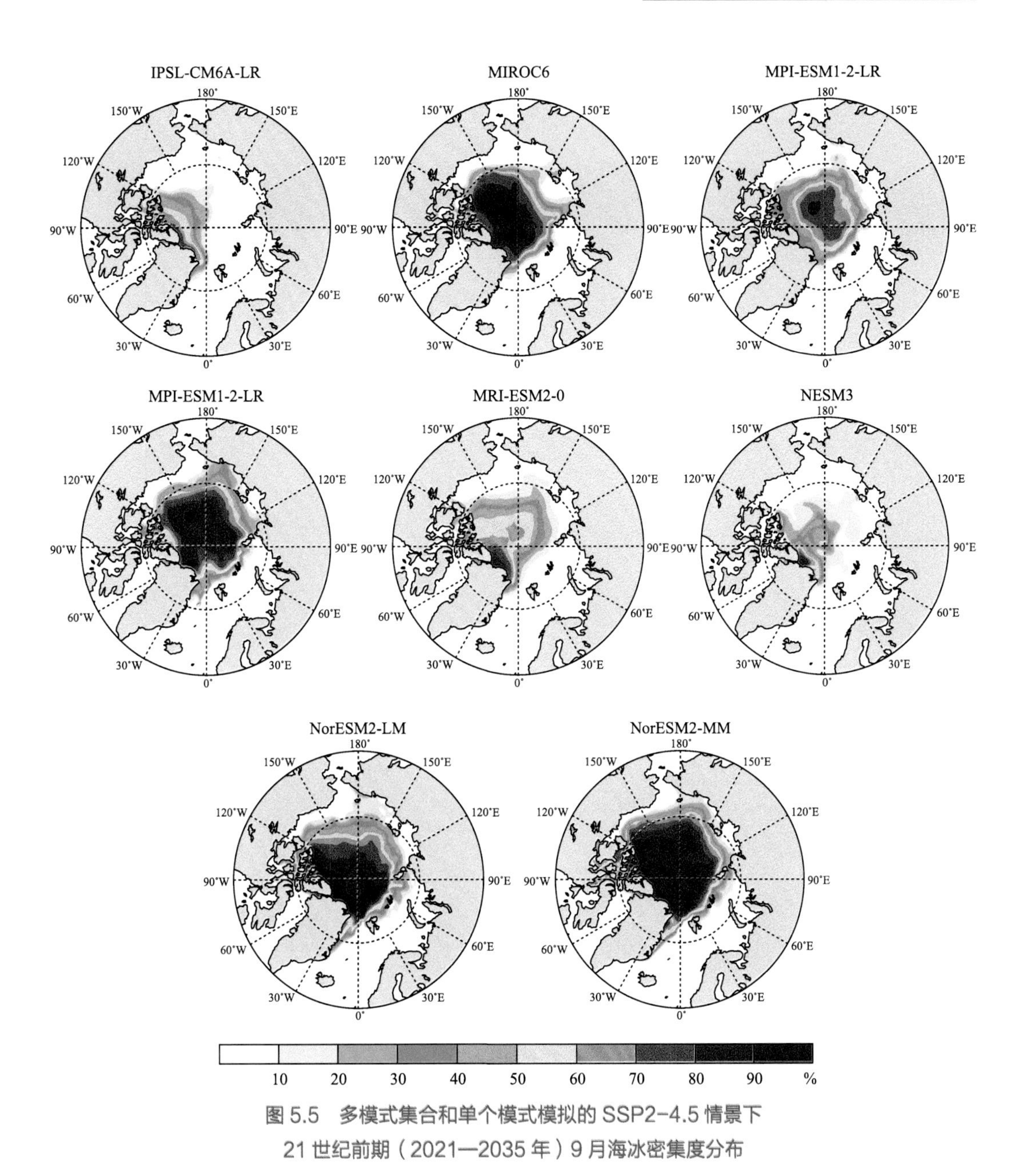

图 5.5　多模式集合和单个模式模拟的 SSP2-4.5 情景下
21 世纪前期（2021—2035 年）9 月海冰密集度分布

多模式集合　ACCESS-CM2　ACCESS-ESM1-5

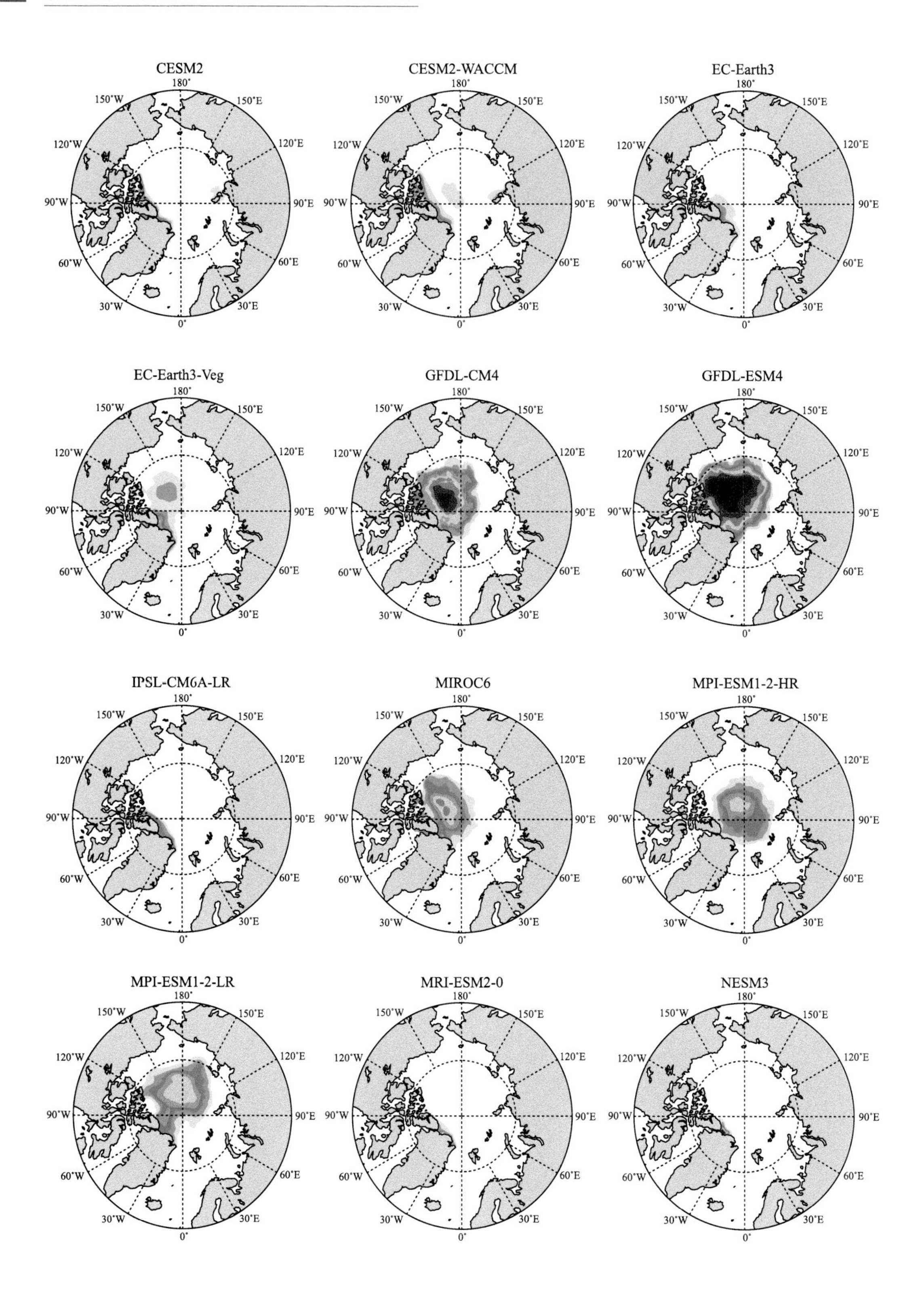
CESM2
CESM2-WACCM
EC-Earth3
EC-Earth3-Veg
GFDL-CM4
GFDL-ESM4
IPSL-CM6A-LR
MIROC6
MPI-ESM1-2-HR
MPI-ESM1-2-LR
MRI-ESM2-0
NESM3
180°
150°W
150°E
120°W
120°E
90°W
90°E
60°W
60°E
30°W
30°E
0°

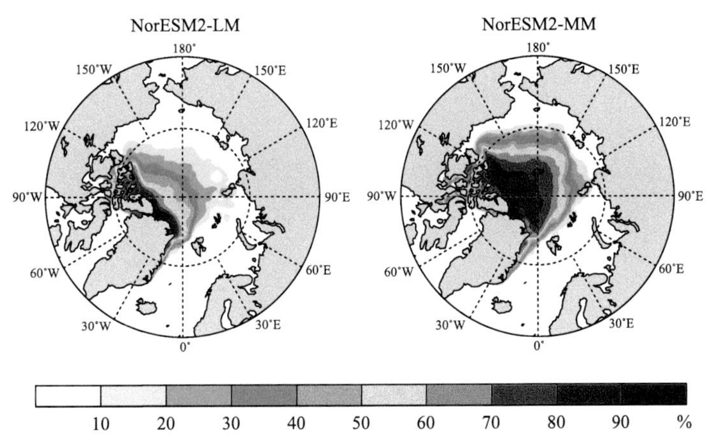

图 5.6　多模式集合和单个模式模拟的 SSP2-4.5 情景下
21 世纪中期（2051—2065 年）9 月海冰密集度分布

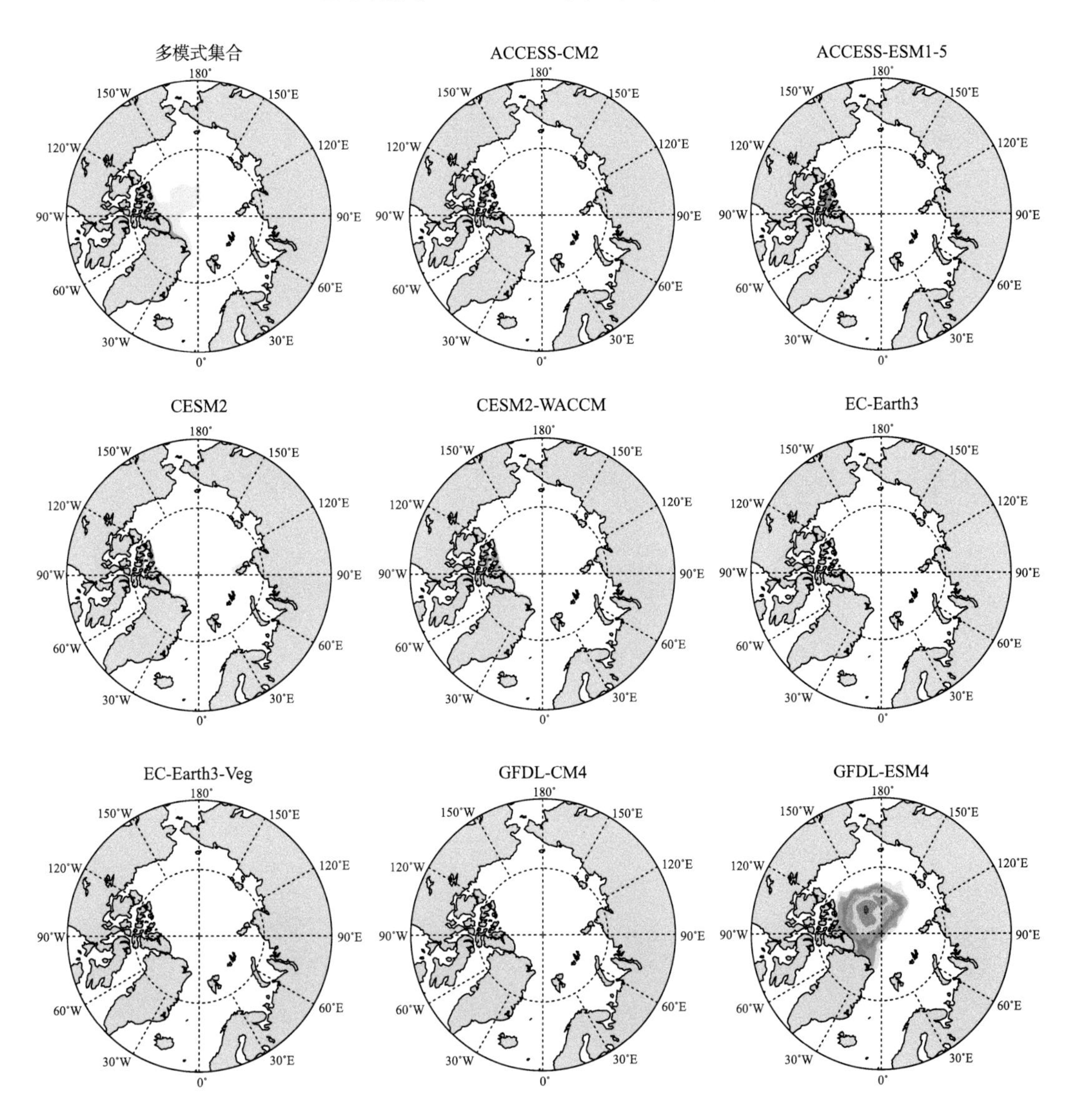

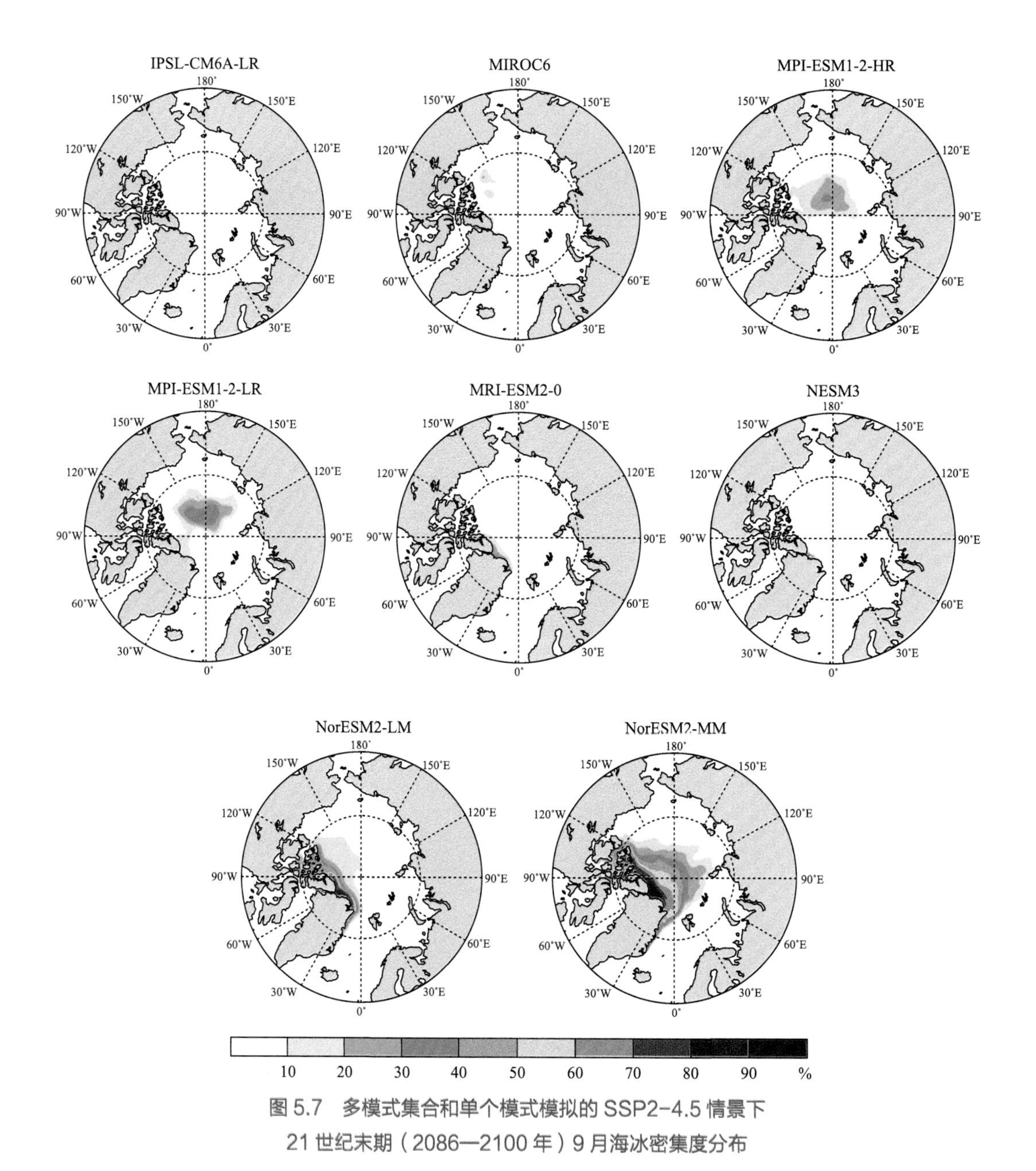

图 5.7　多模式集合和单个模式模拟的 SSP2-4.5 情景下
21 世纪末期（2086—2100 年）9 月海冰密集度分布

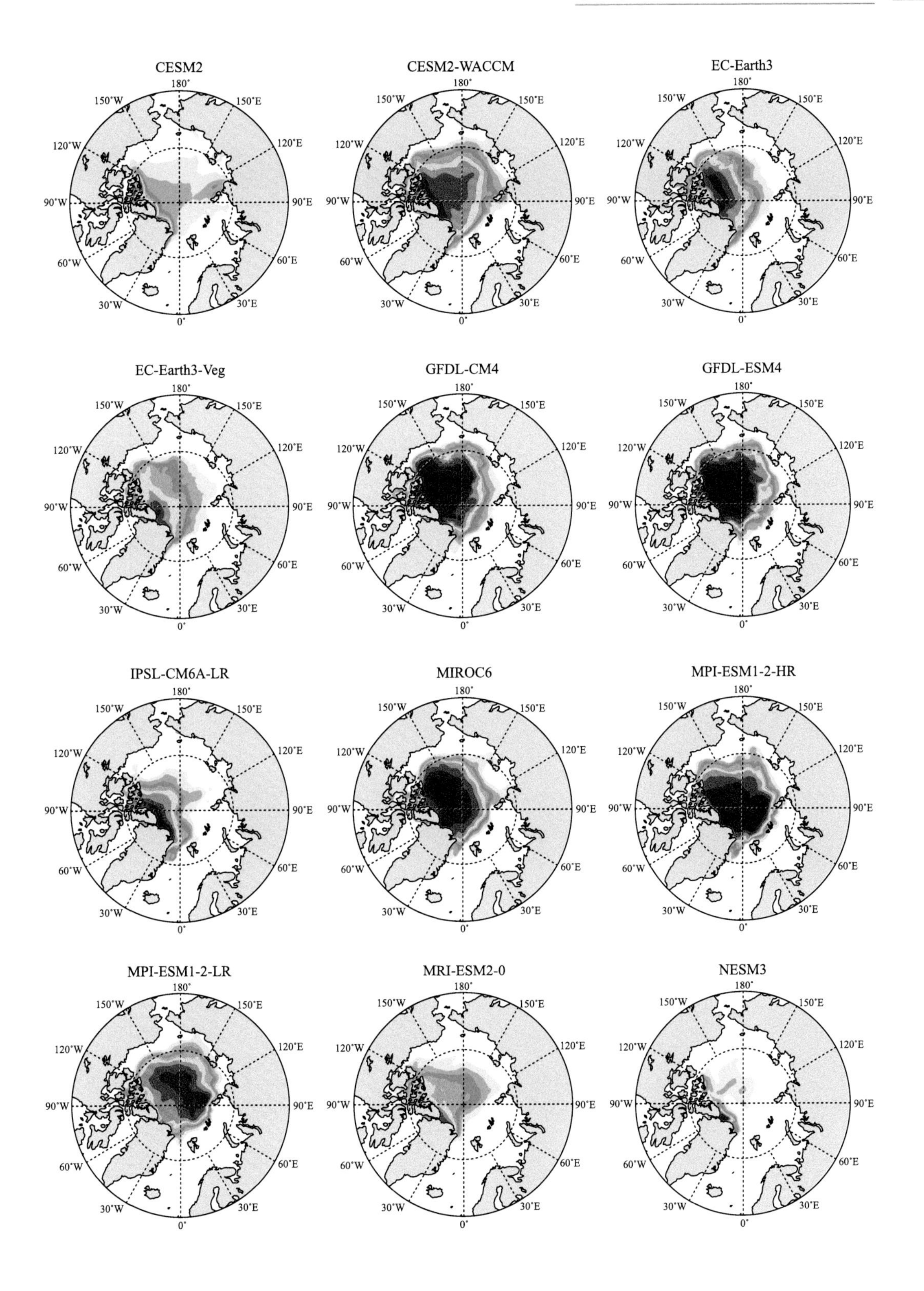
CESM2
CESM2-WACCM
EC-Earth3
EC-Earth3-Veg
GFDL-CM4
GFDL-ESM4
IPSL-CM6A-LR
MIROC6
MPI-ESM1-2-HR
MPI-ESM1-2-LR
MRI-ESM2-0
NESM3
180°
150°W
150°E
120°W
120°E
90°W
90°E
60°W
60°E
30°W
30°E
0°

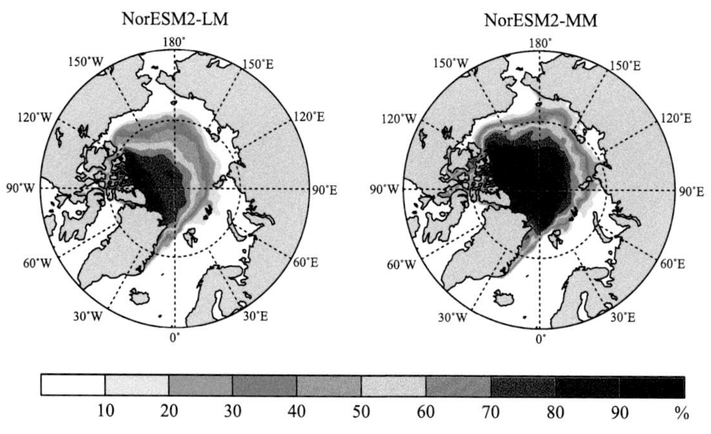

图 5.8　多模式集合和单个模式模拟的 SSP5-8.5 情景下
21 世纪前期（2021—2035 年）9 月海冰密集度分布

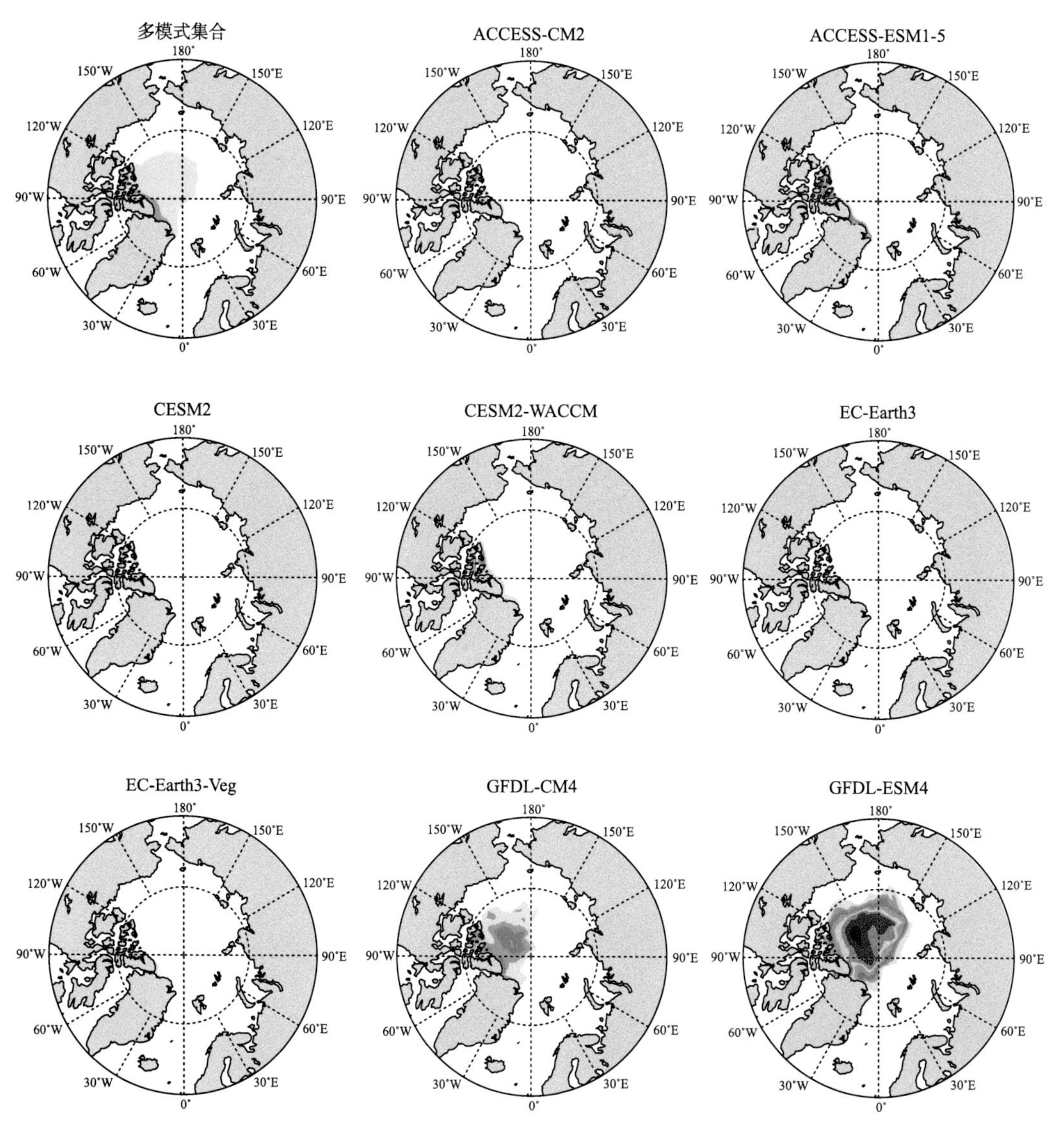

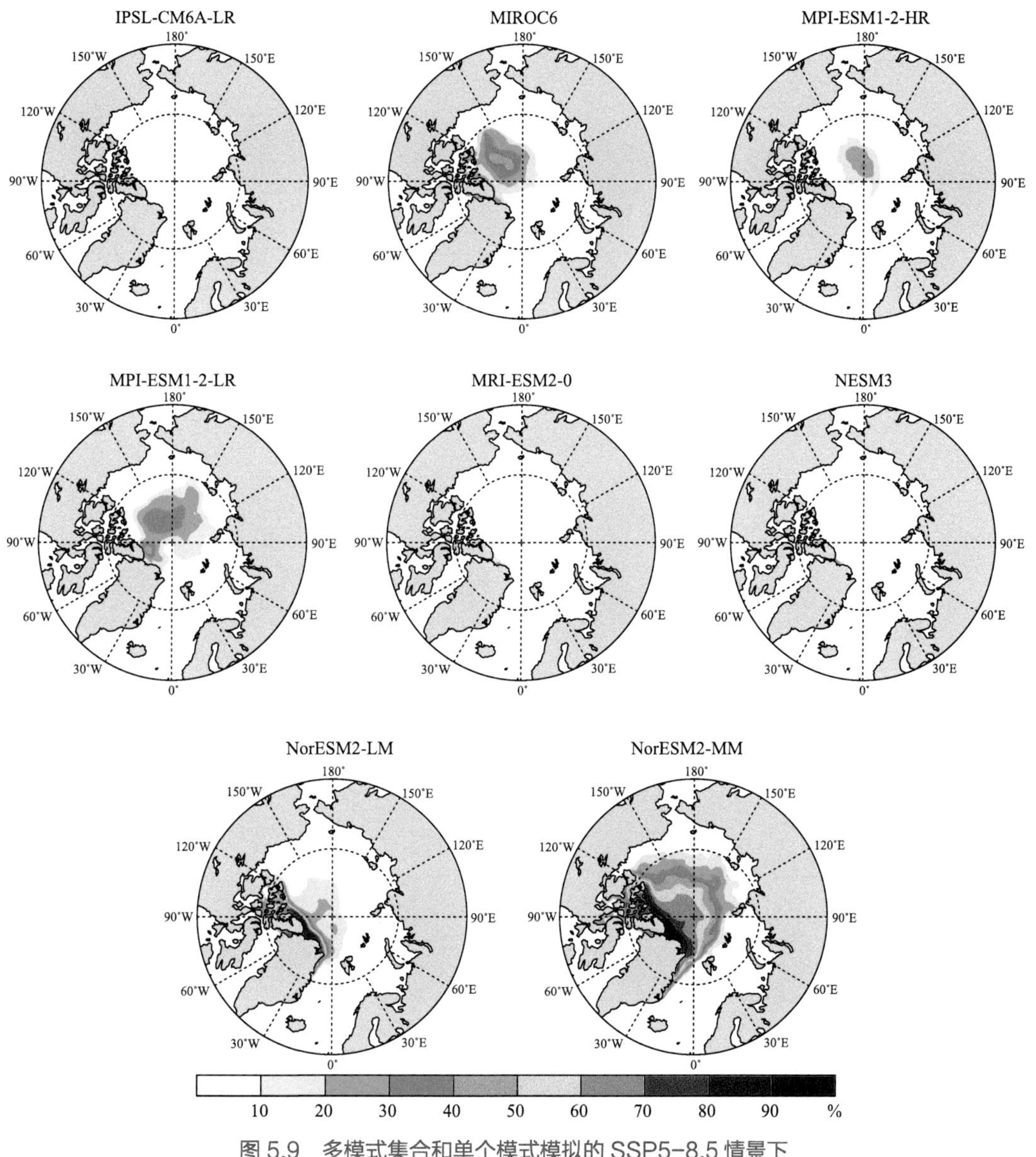

图 5.9　多模式集合和单个模式模拟的 SSP5-8.5 情景下 21 世纪中期（2051—2065 年）9 月海冰密集度分布

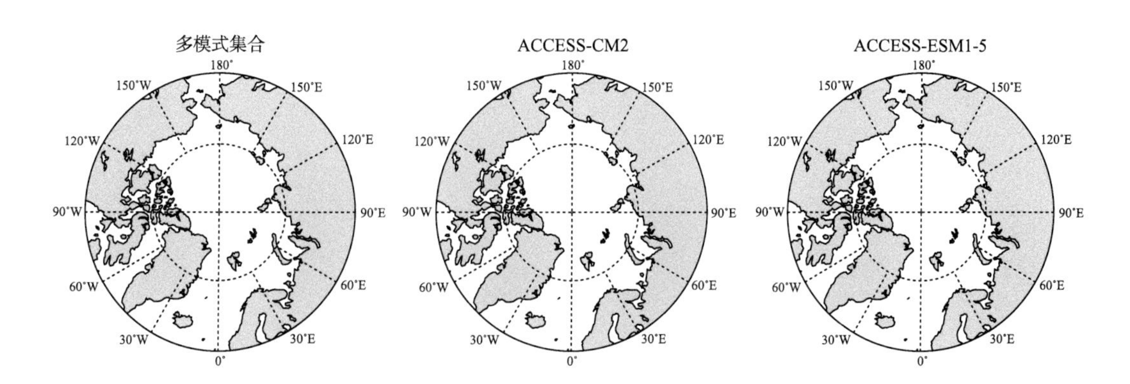

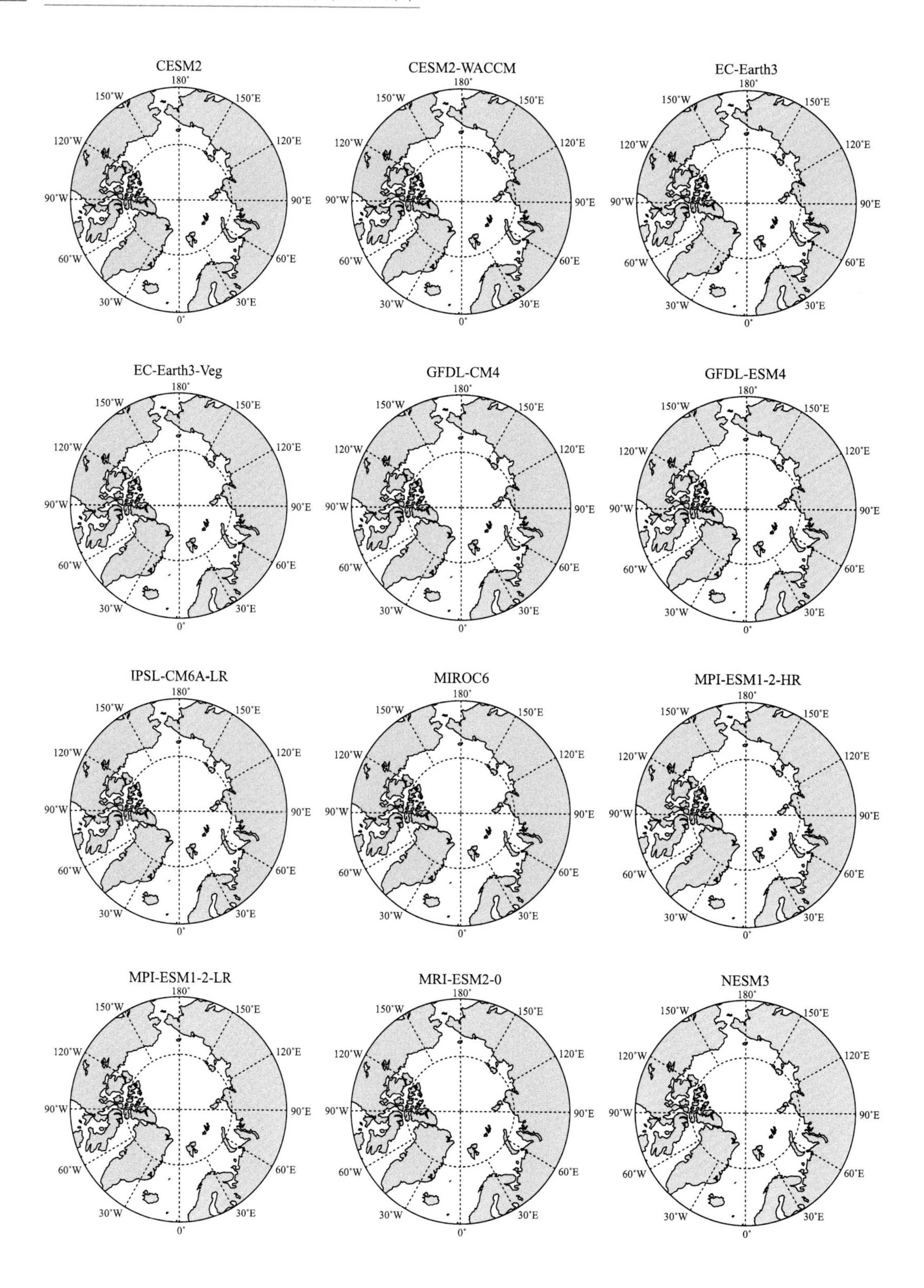
CESM2
CESM2-WACCM
EC-Earth3
EC-Earth3-Veg
GFDL-CM4
GFDL-ESM4
IPSL-CM6A-LR
MIROC6
MPI-ESM1-2-HR
MPI-ESM1-2-LR
MRI-ESM2-0
NESM3
180°
150°W
150°E
120°W
120°E
90°W
90°E
60°W
60°E
30°W
30°E
0°

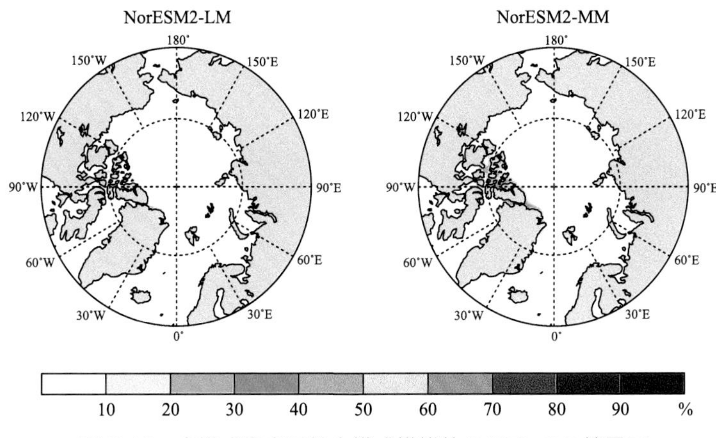

图 5.10　多模式集合和单个模式模拟的 SSP5-8.5 情景下 21 世纪末期（2086—2100 年）9 月海冰密集度分布

5.2　北极海冰厚度

多模式集合结果显示，SSP1-2.6 和 SSP2-4.5 情景下北极平均海冰厚度没有表现出显著的下降趋势，而在 SSP5-8.5 情景下，21 世纪后期北极平均海冰厚度加速减小。以 PC6 船舶为例，9 月 SSP1-2.6 和 SSP2-4.5 情景下船舶完全不能进入的海冰面积将从 21 世纪初期的 410 万 km^2 减小到 21 世纪末期（2086—2100 年）的 260 万～270 万 km^2，而在 SSP5-8.5 情景下 9 月北冰洋将对 PC6 船舶完全开放（图 5.11）。

SSP1-2.6 情景下，各模式模拟的北极海冰厚度分布存在显著差异，并且与海冰密集度的模拟情况差异较大。整个 21 世纪，海冰厚度没有明显变化（图 5.12～图 5.14）。SSP2-4.5 情景下 21 世纪初期各模式模拟的 9 月北极海冰厚度分布与 SSP1-2.6 情景下的模拟结果基本一致，中期与初期相比稍有减小，尤其加拿大北极群岛附近的海冰厚度变化明显，21 世纪末期与初期相比显著减小，多年海冰仍分布在加拿大北极群岛和格陵兰以北的洋面（图 5.15～图 5.17）。SSP5-8.5 情景下，21 世纪初期与其他两种情景下的模拟结果基本一致，中期较初期海冰厚度显著减小，EC-Earth3，GFDL-CM4，IPSL-CM6A-LR，NESM3 模拟的 9 月北极海冰已经消失，21 世纪末期海冰厚度大幅减小，北冰洋所有水域海冰厚度不超过 60 cm，对 PC6 船舶来说可实现完全开放。除 ACCESS-CM2，ACCESS-ESM1-5，CESM2 -WACCM，NorESM2-LM，NorESM2-MM模拟的海冰厚度偏大之外，其余模式基本上都呈现出海冰消失的状态（图 5.18～图 5.20）。

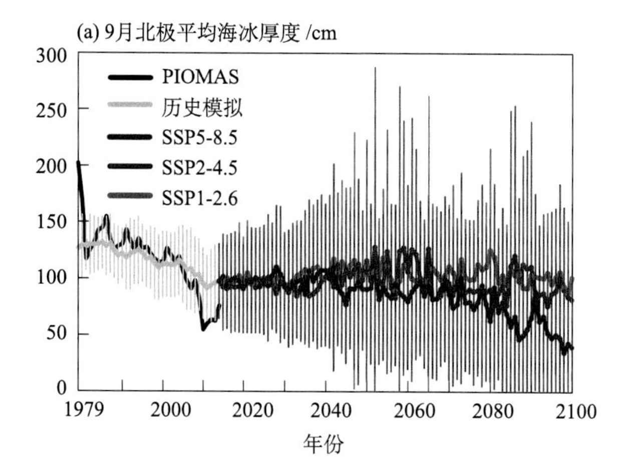

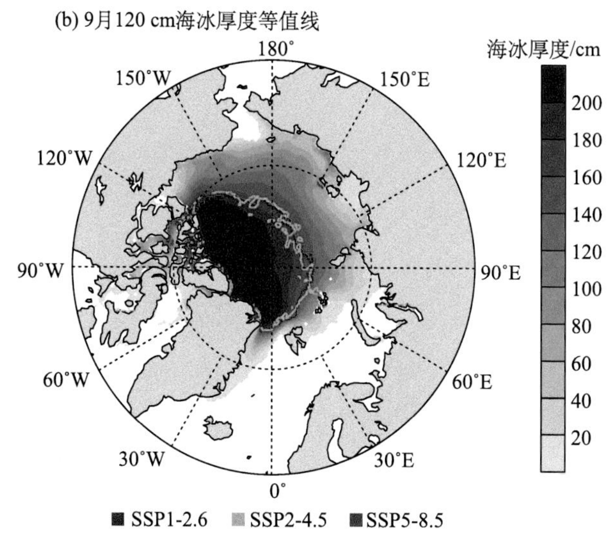

图 5.11 21 世纪 9 月海冰厚度变化曲线和 21 世纪末期三种情景下 120 cm 厚度（PC6 船舶可通航）的海冰范围

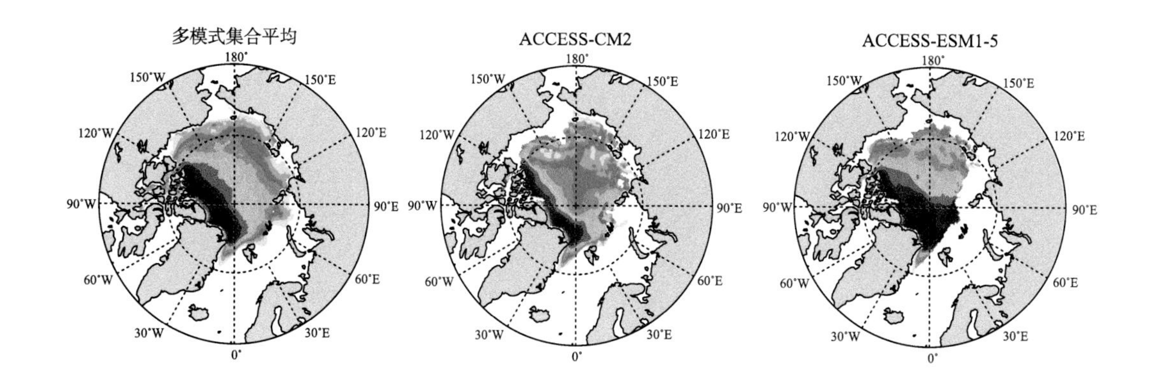

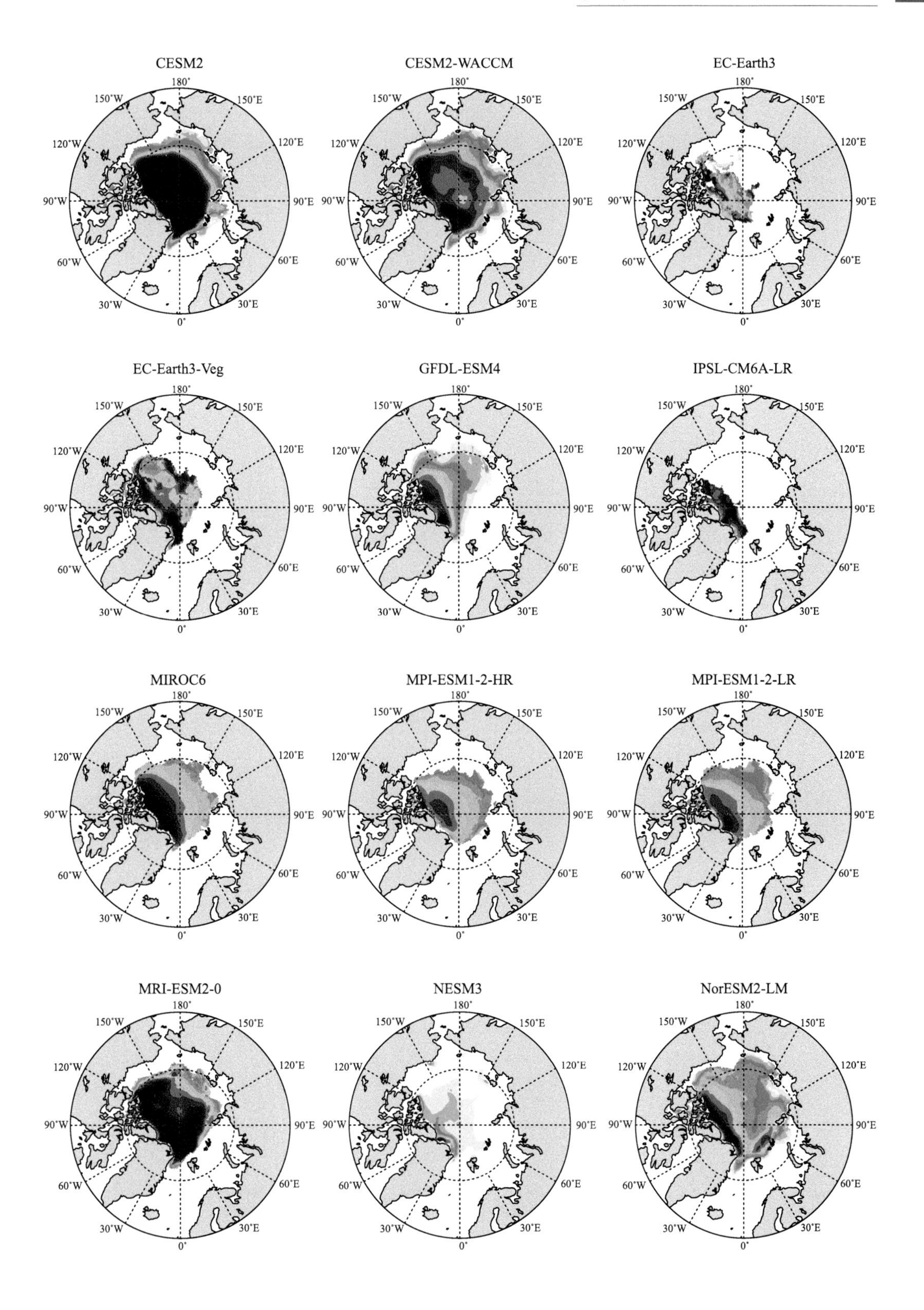
CESM2
CESM2-WACCM
EC-Earth3
EC-Earth3-Veg
GFDL-ESM4
IPSL-CM6A-LR
MIROC6
MPI-ESM1-2-HR
MPI-ESM1-2-LR
MRI-ESM2-0
NESM3
NorESM2-LM
180°
150°W
150°E
120°W
120°E
90°W
90°E
60°W
60°E
30°W
30°E
0°

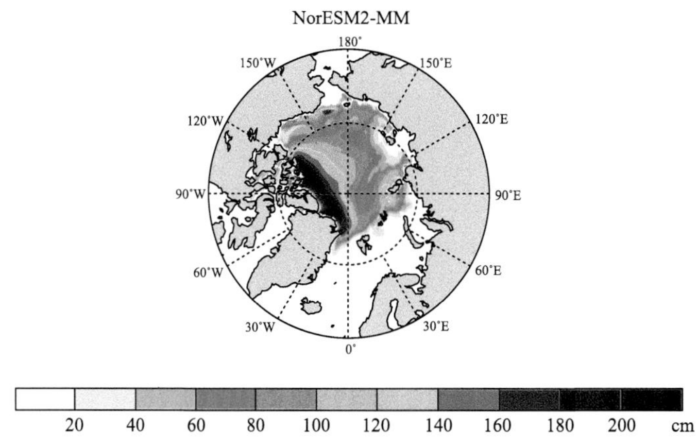

图 5.12　多模式集合和单个模式模拟的 SSP1-2.6 情景下
21 世纪前期（2021—2035 年）9 月海冰厚度分布

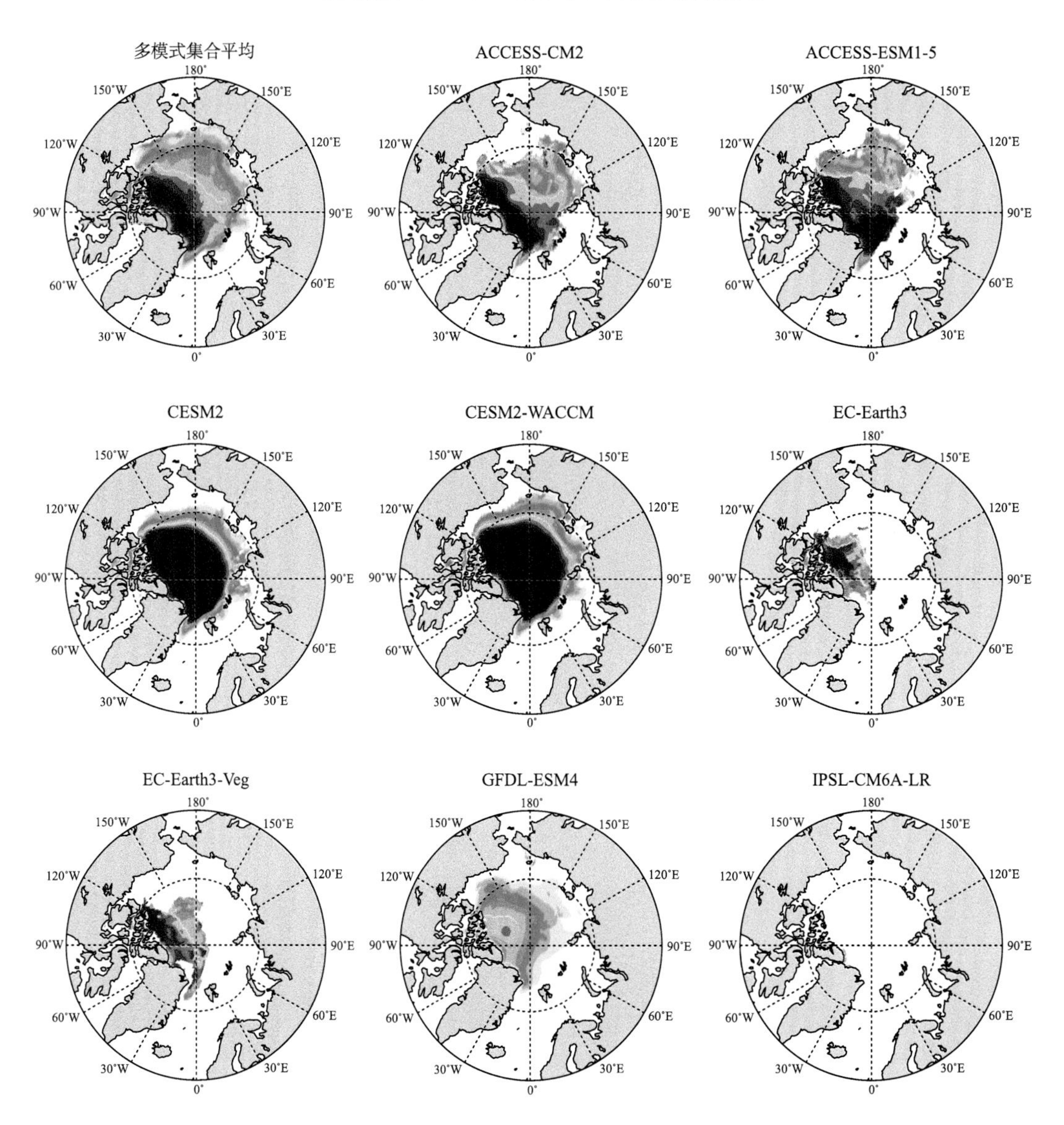

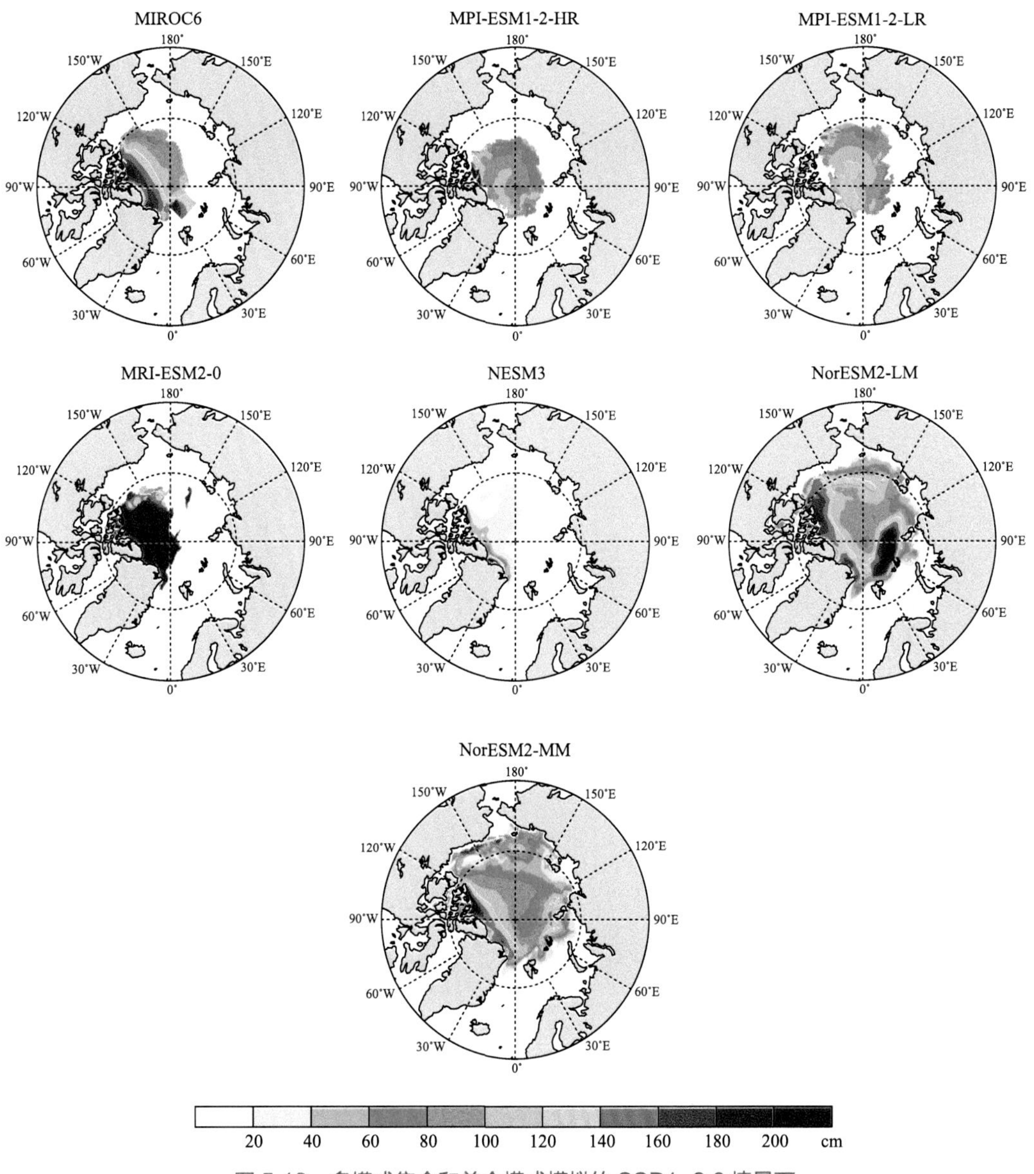

图 5.13　多模式集合和单个模式模拟的 SSP1-2.6 情景下 21 世纪中期（2051—2065 年）9 月海冰厚度分布

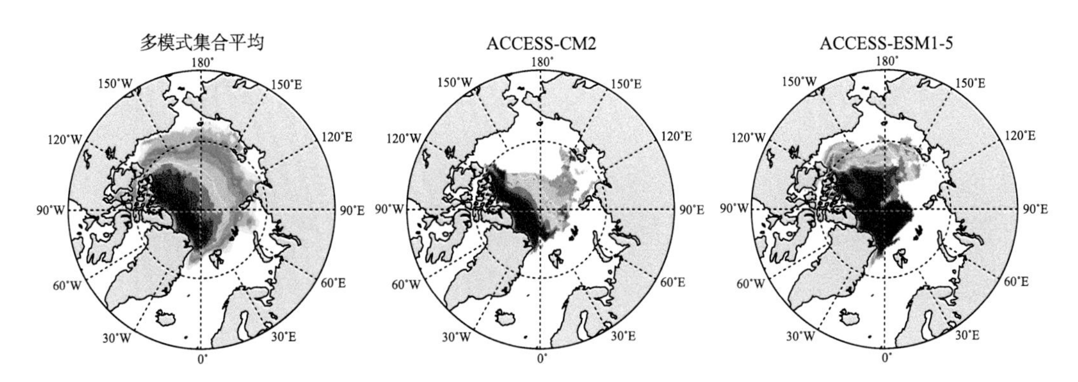

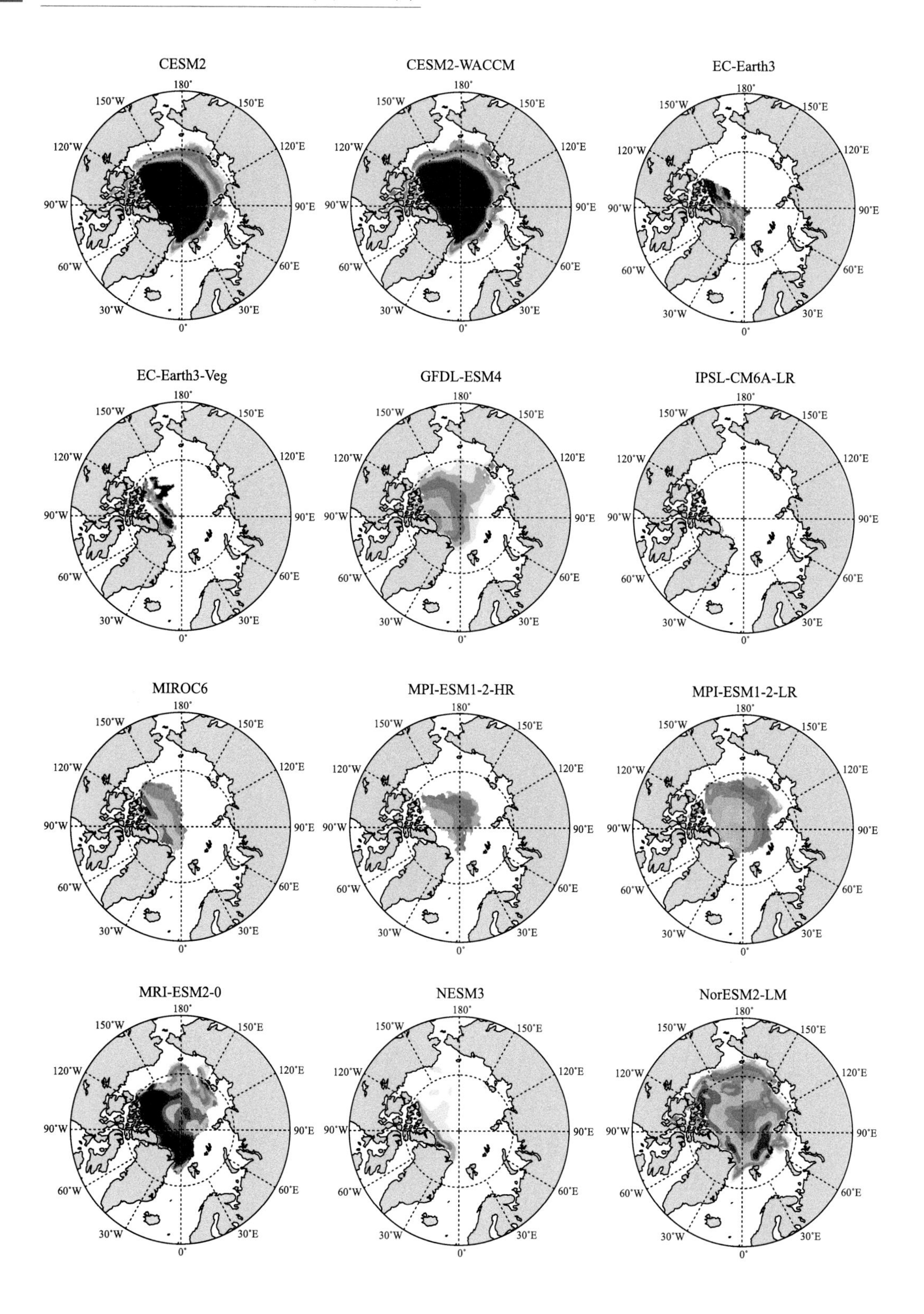
CESM2
CESM2-WACCM
EC-Earth3
EC-Earth3-Veg
GFDL-ESM4
IPSL-CM6A-LR
MIROC6
MPI-ESM1-2-HR
MPI-ESM1-2-LR
MRI-ESM2-0
NESM3
NorESM2-LM
180°
150°W
150°E
120°W
120°E
90°W
90°E
60°W
60°E
30°W
30°E
0°

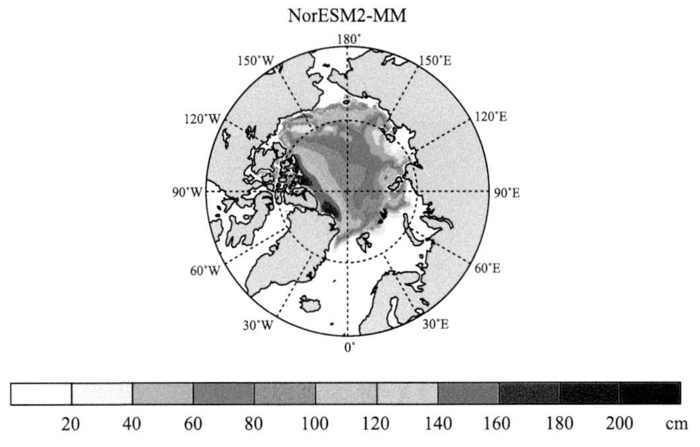

图 5.14　多模式集合和单个模式模拟的 SSP1-2.6 情景下
21 世纪末期（2086—2100 年）9 月海冰厚度分布

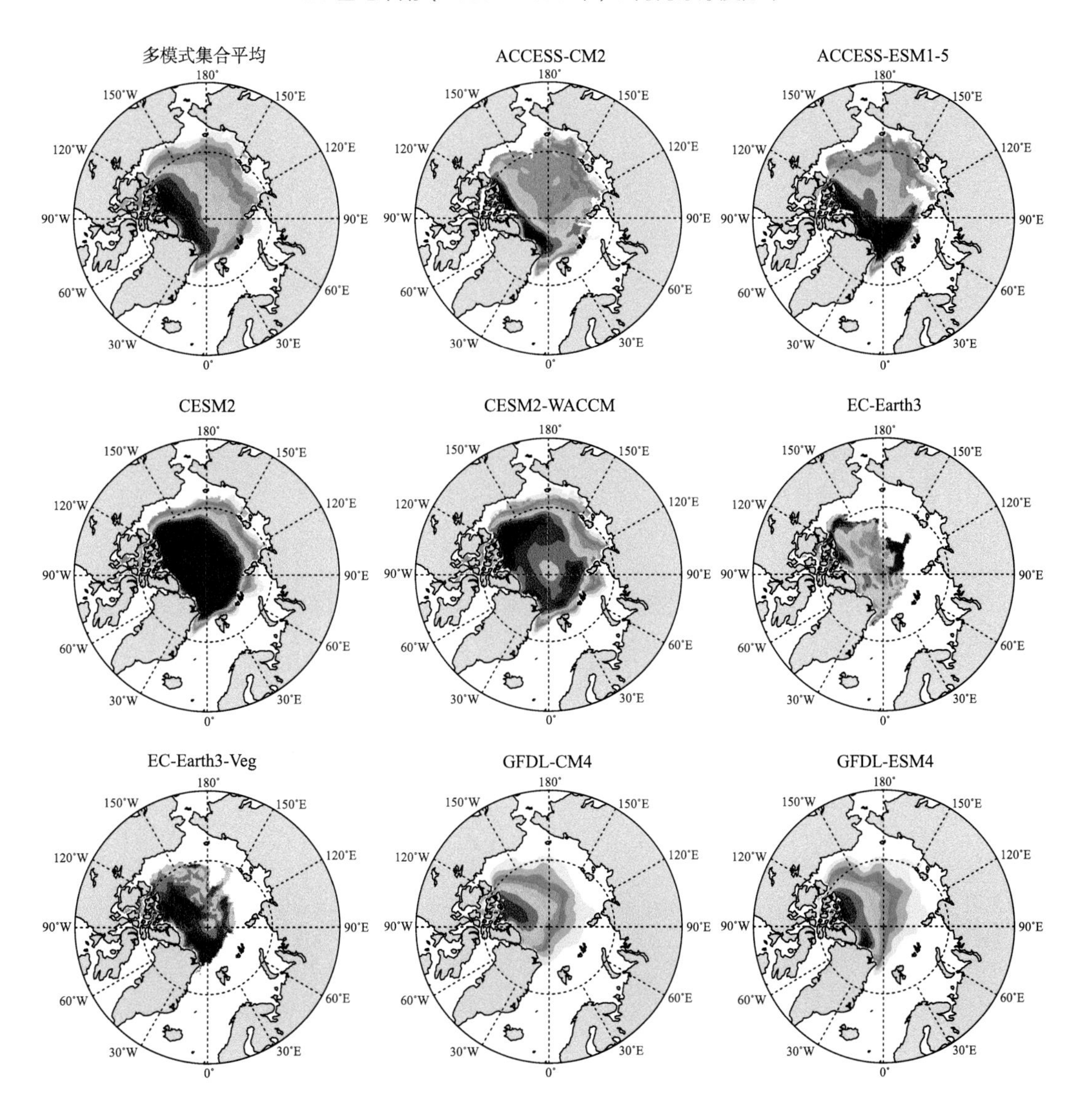

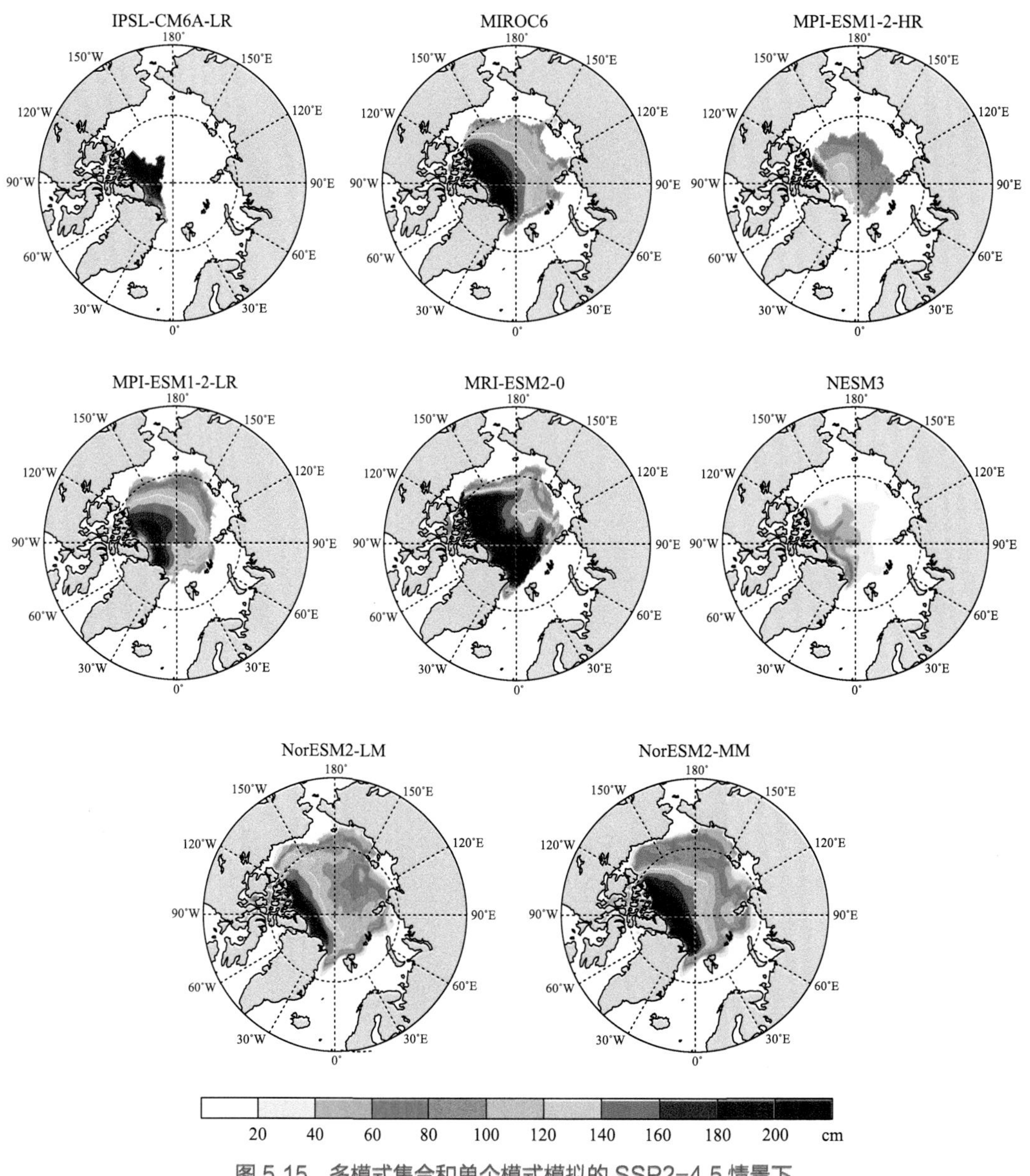

图 5.15 多模式集合和单个模式模拟的 SSP2-4.5 情景下 21 世纪前期（2021—2035 年）9 月海冰厚度分布

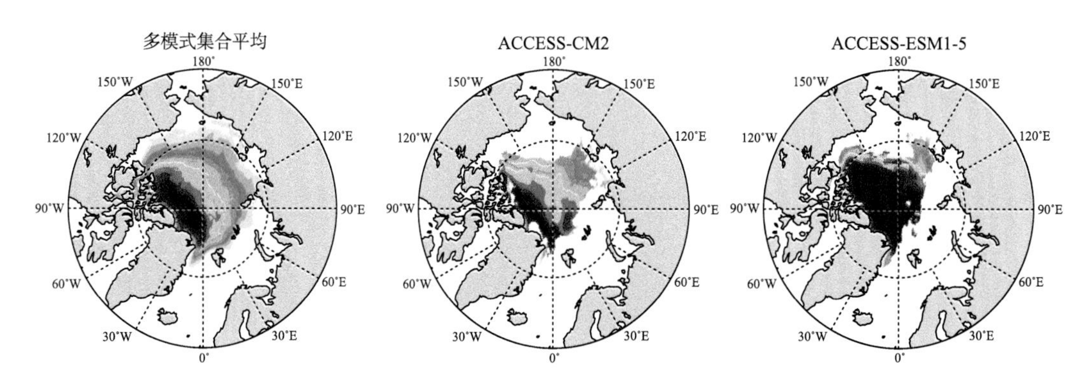

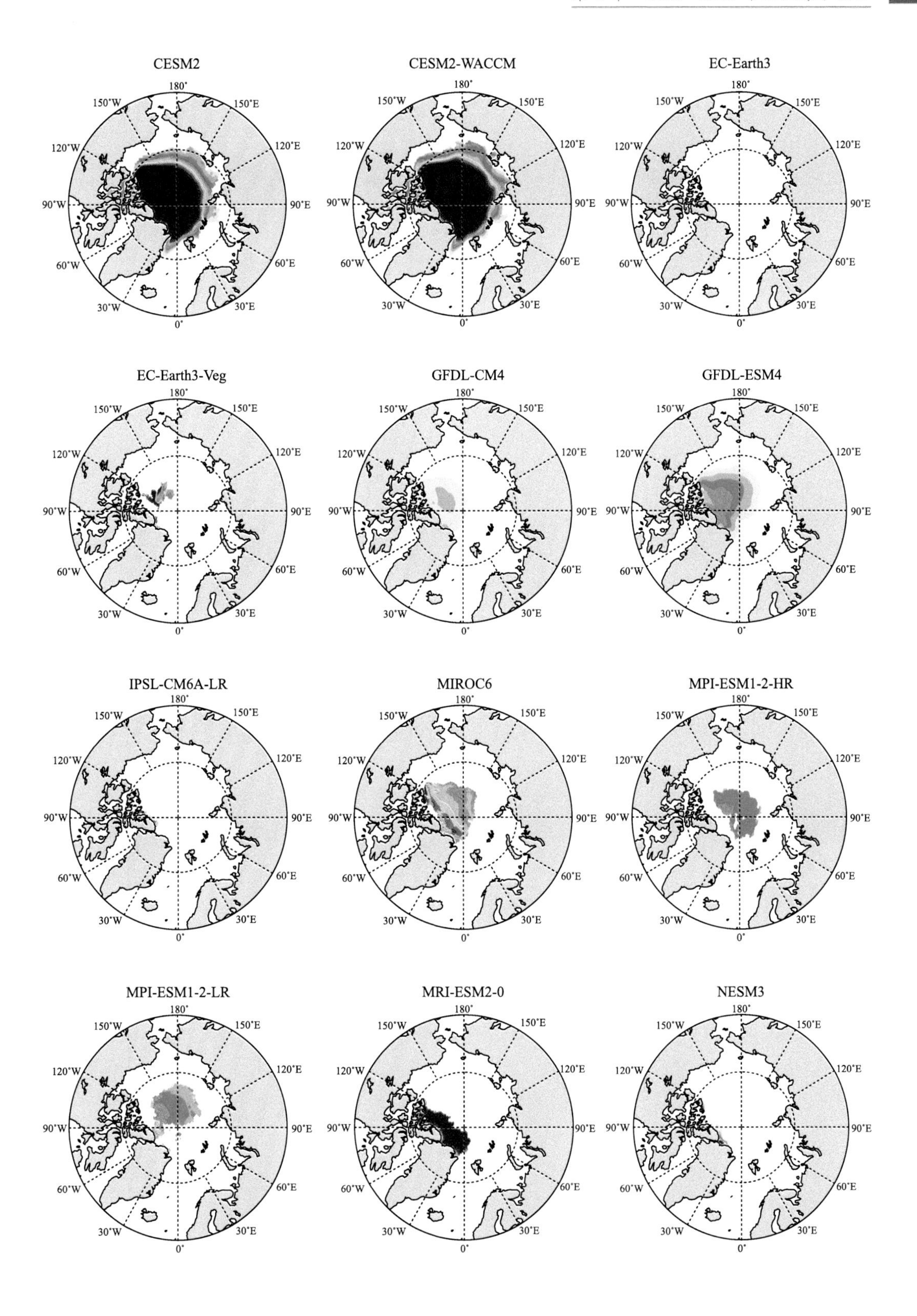
CESM2
CESM2-WACCM
EC-Earth3
EC-Earth3-Veg
GFDL-CM4
GFDL-ESM4
IPSL-CM6A-LR
MIROC6
MPI-ESM1-2-HR
MPI-ESM1-2-LR
MRI-ESM2-0
NESM3
180°
150°W
150°E
120°W
120°E
90°W
90°E
60°W
60°E
30°W
30°E
0°

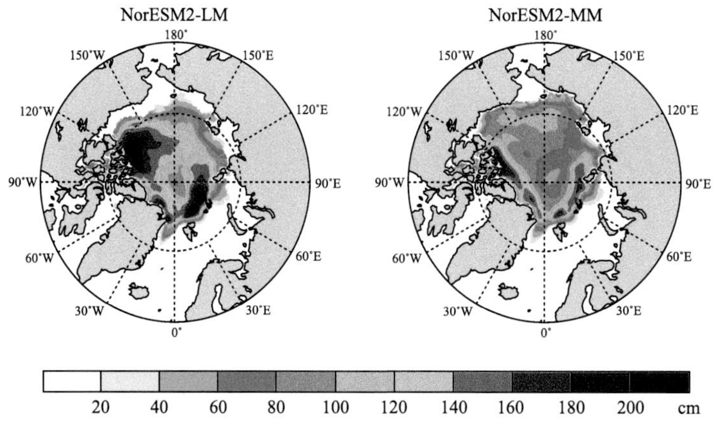

图 5.16　多模式集合和单个模式模拟的 SSP2-4.5 情景下
21 世纪中期（2051—2065 年）9 月海冰厚度分布

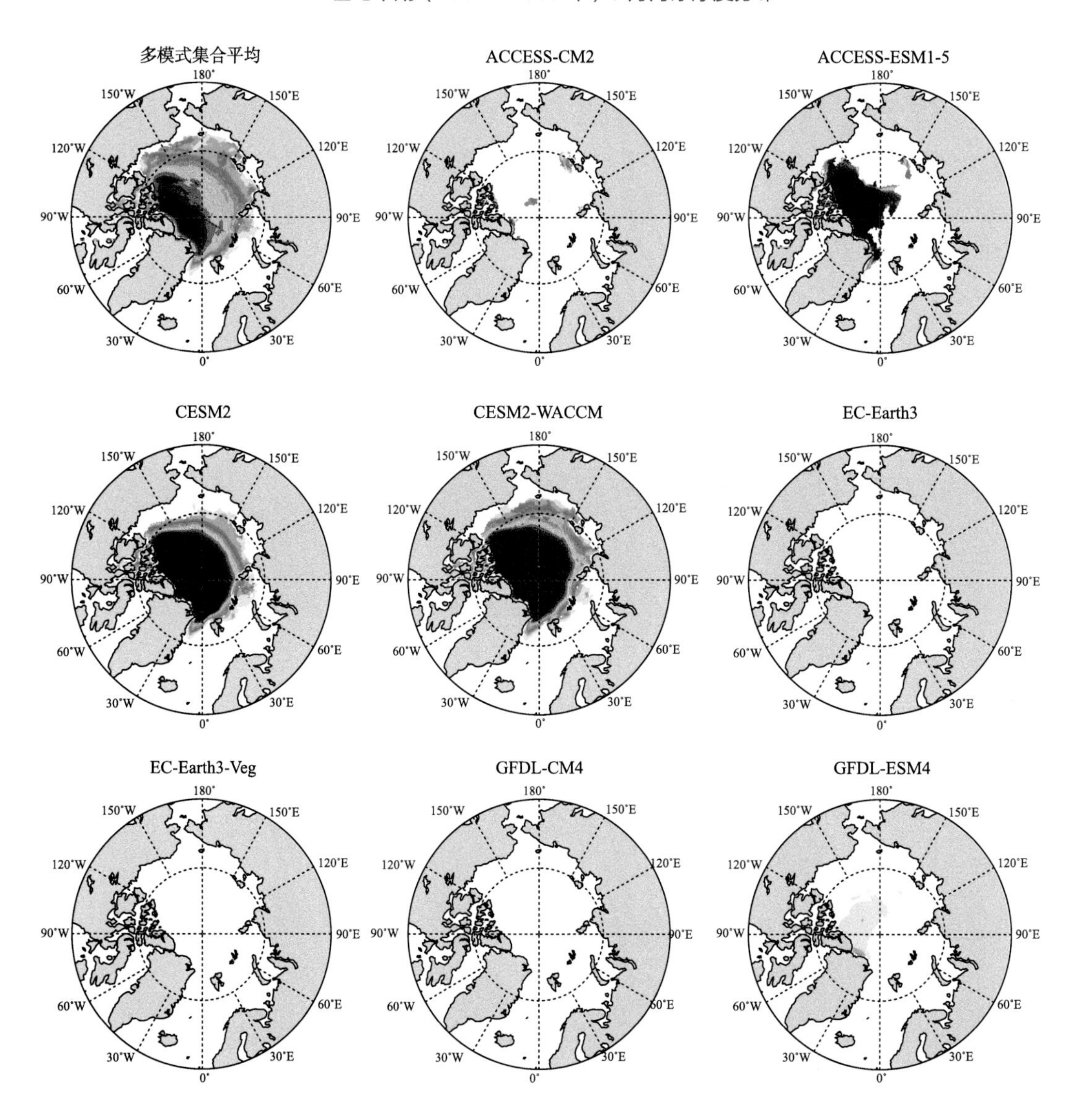

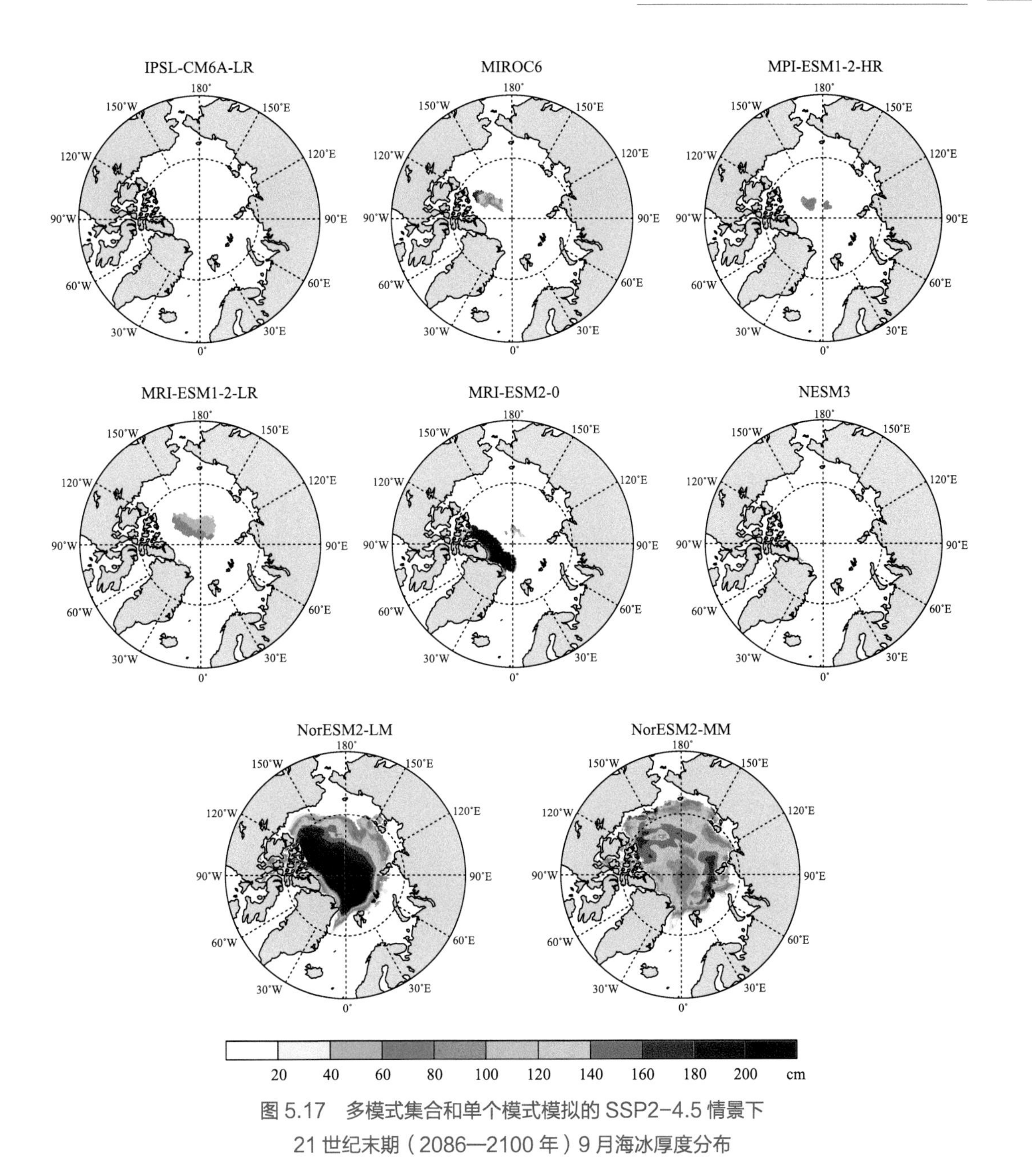

图 5.17 多模式集合和单个模式模拟的 SSP2-4.5 情景下 21 世纪末期（2086—2100 年）9 月海冰厚度分布

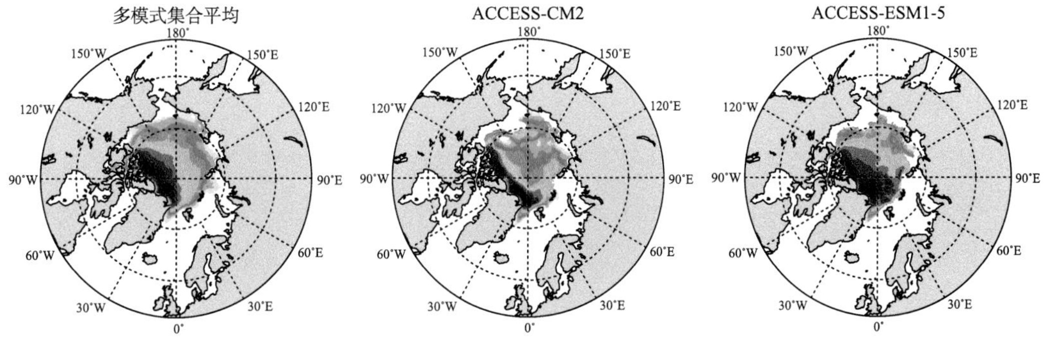

多模式集合平均

ACCESS-CM2

ACCESS-ESM1-5

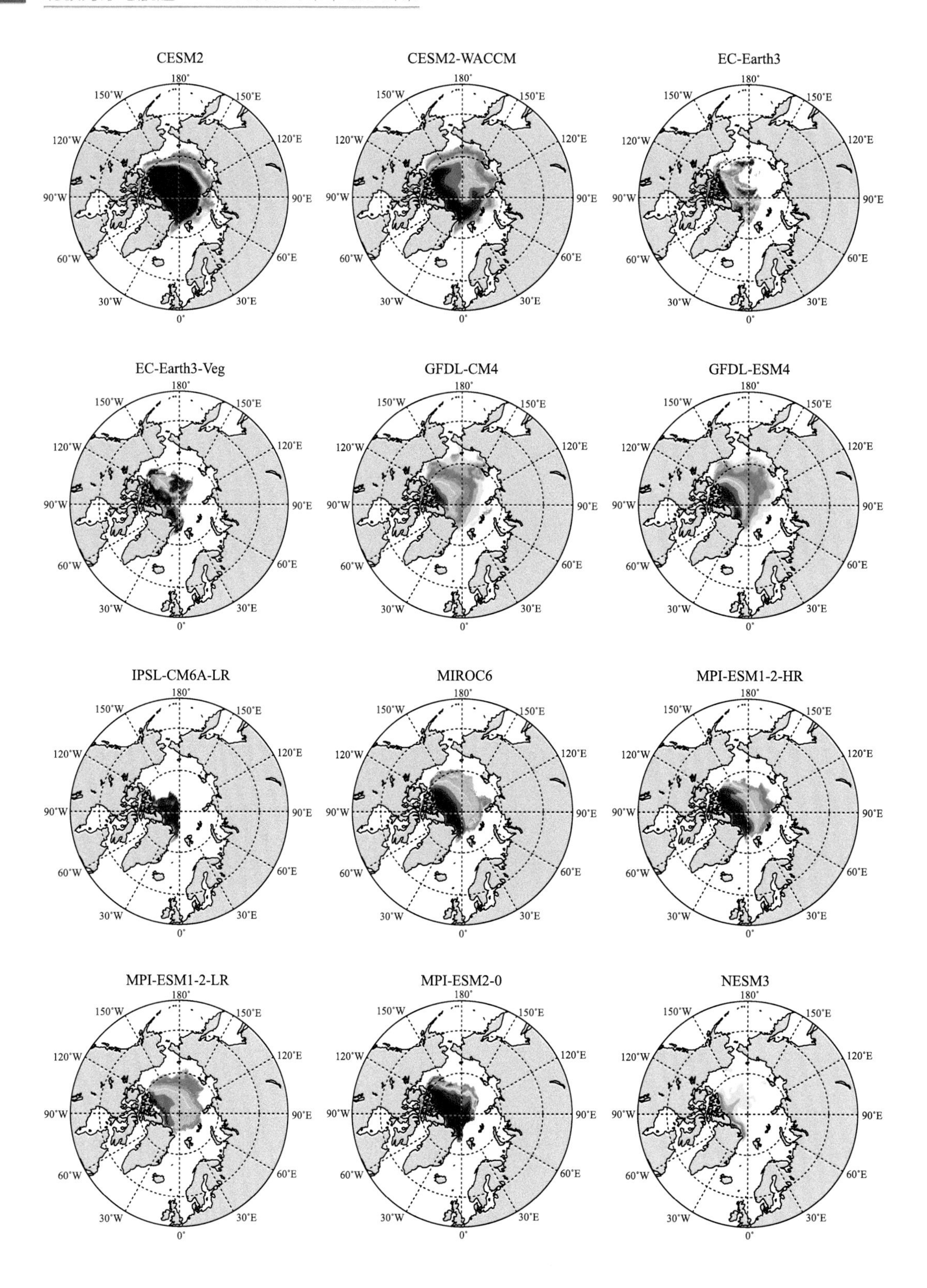
CESM2
CESM2-WACCM
EC-Earth3
EC-Earth3-Veg
GFDL-CM4
GFDL-ESM4
IPSL-CM6A-LR
MIROC6
MPI-ESM1-2-HR
MPI-ESM1-2-LR
MPI-ESM2-0
NESM3
180°
150°W
150°E
120°W
120°E
90°W
90°E
60°W
60°E
30°W
30°E
0°

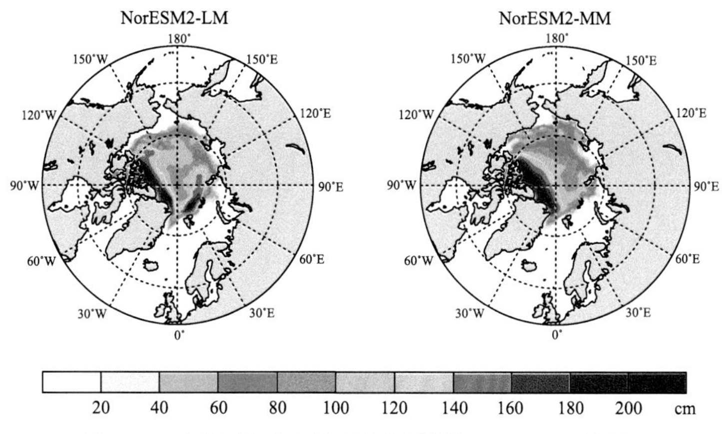

图 5.18　多模式集合和单个模式模拟的 SSP5-8.5 情景下 21 世纪前期（2021—2035 年）9 月海冰厚度分布

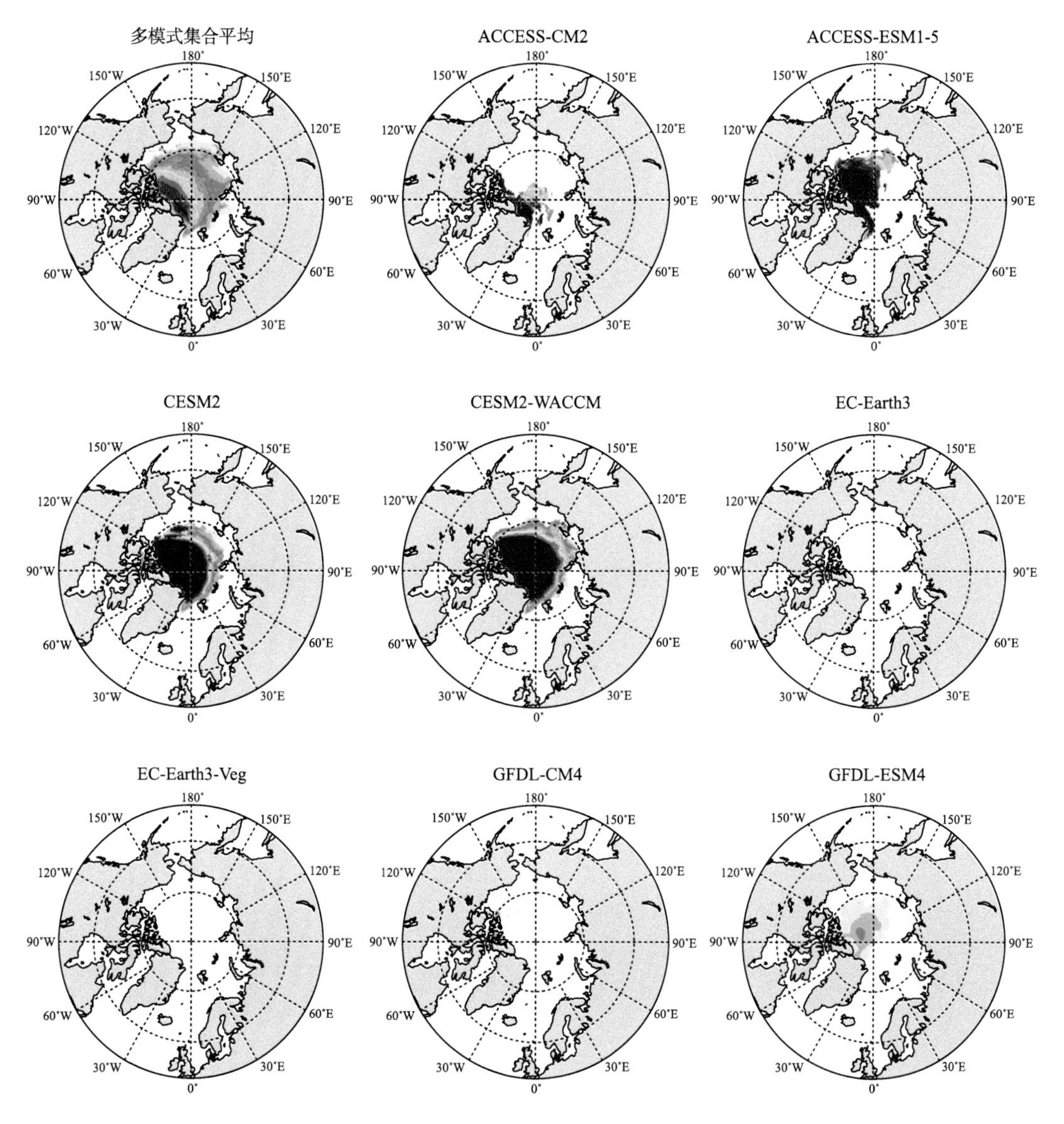

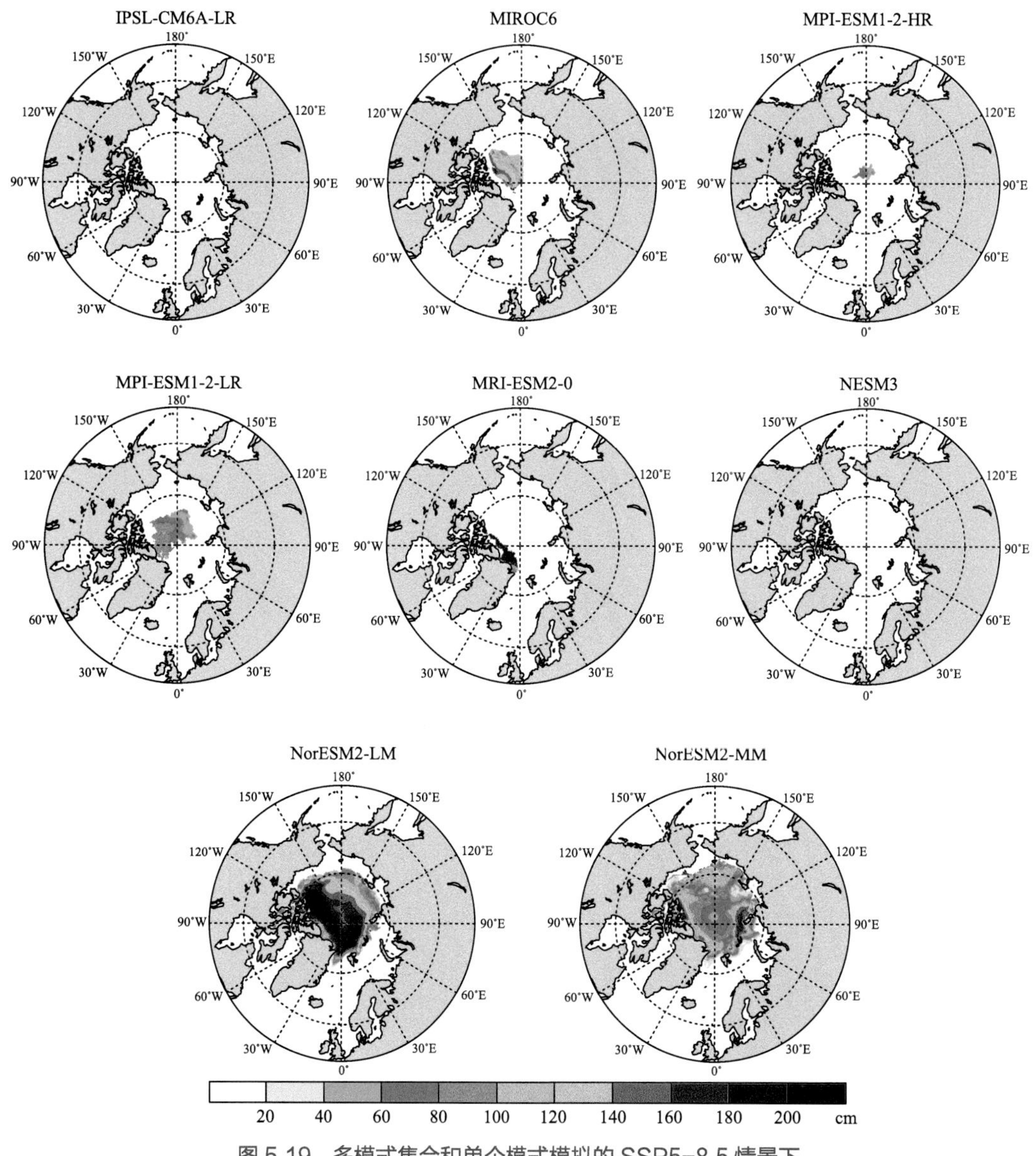

图 5.19 多模式集合和单个模式模拟的 SSP5-8.5 情景下 21 世纪中期（2051—2065 年）9 月海冰厚度分布

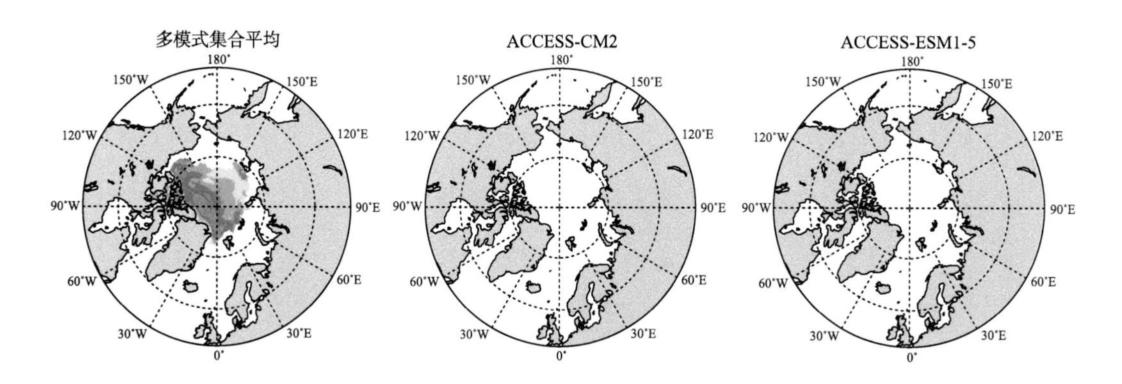

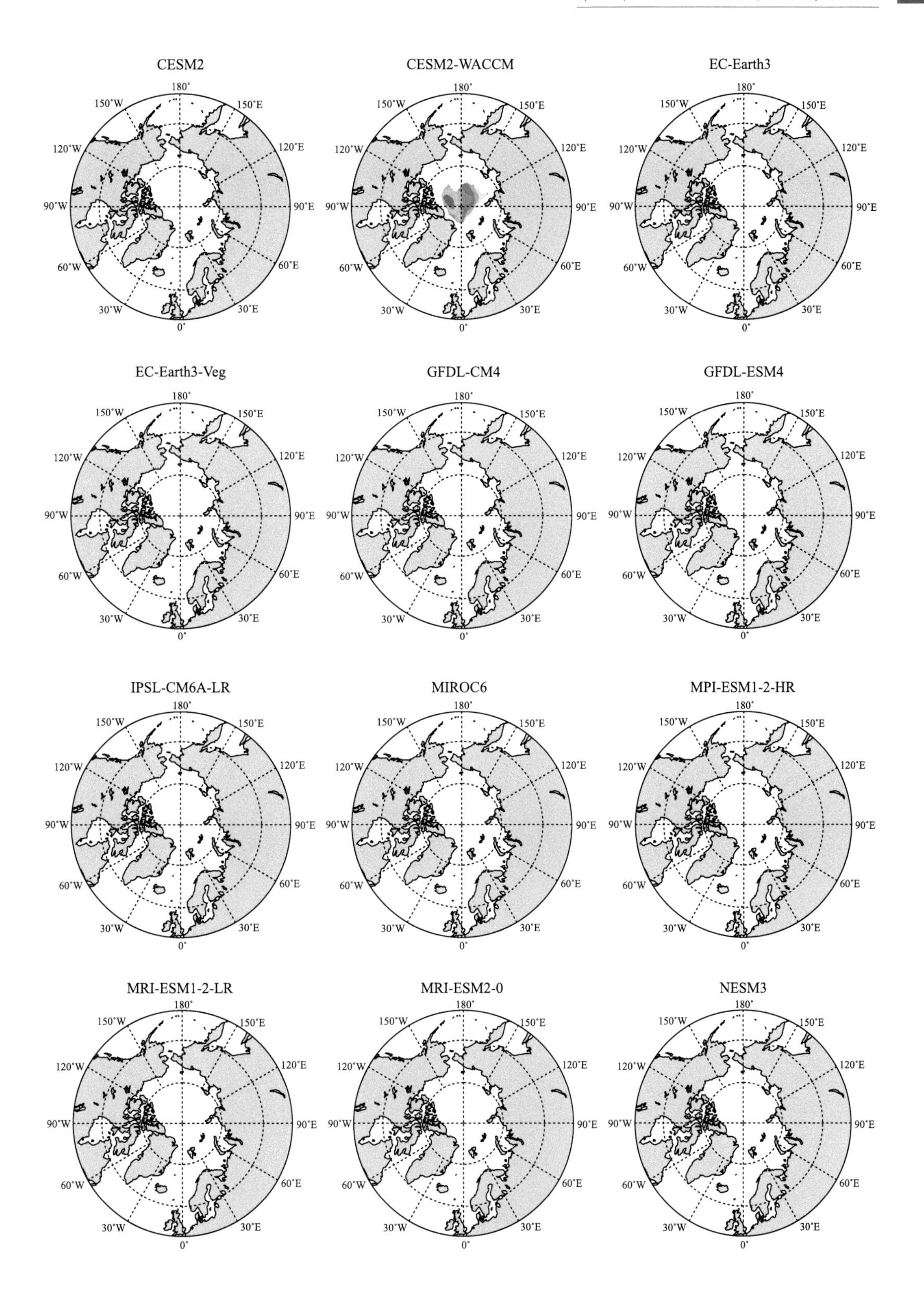
CESM2
CESM2-WACCM
EC-Earth3
EC-Earth3-Veg
GFDL-CM4
GFDL-ESM4
IPSL-CM6A-LR
MIROC6
MPI-ESM1-2-HR
MRI-ESM1-2-LR
MRI-ESM2-0
NESM3
180°
150°W
150°E
120°W
120°E
90°W
90°E
60°W
60°E
30°W
30°E
0°

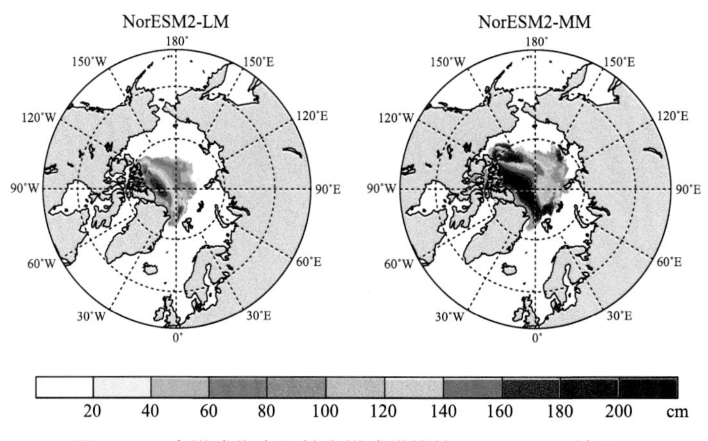

图 5.20 多模式集合和单个模式模拟的 SSP5-8.5 情景下 21 世纪末期（2086—2100 年）9 月海冰厚度分布

第6章

2021—2100年北极航道预估

北极航道的开发不但有很高的经济、政治价值，且有助于缓解国际航运规模不断增长给传统航道带来的压力。科学预测不同升温情景下的北极航道未来通航潜力，不仅能够突破对当前北极航道通航能力变化特征的认识瓶颈，也有助于航运企业分析和规划航运期与通航路线，促进货物的海上安全运输，对于我国政府科学制定"冰上丝绸之路"建设战略具有重要参考价值，是实现保护和利用北极发展目标的前提。本章基于CMIP6多模式预估数据，展示了2021—2100年北极可进入性、北极航道通航概率、航线和通航周期的演变，为定量研究北极航道未来利用价值提供科学参考。

6.1 北极可进入性

多模式集合平均结果显示，SSP1-2.6情景下，21世纪初期（2021—2035年）北冰洋中心区域及加拿大北极群岛周围海域不可/不便通航，而巴伦支海、喀拉海、拉普杰夫海、东西伯利亚海、楚科奇海等海域船舶航行每千米用时小于1.5 h，是船舶可顺利进入的北冰洋海域。受制于海冰密集度和海冰厚度的模拟，各模式模拟的北极可进入性存在较为显著的差异。SSP1-2.6情景下，21世纪中期（2051—2065年）和末期（2086—2100年），北冰洋可进入区域与21世纪初期相比没有显著变化（图6.1～图6.3）。SSP2-4.5情景下，21世纪初期多模式集合平均结果与同期SSP1-2.6情景类似，21世纪中期与初期相比，北冰洋可进入面积增大，尤其欧亚大陆以北的部分海域从不可进入变为可进入区域，到21世纪末期，北冰洋可进入面积明显增大，变化也主要发生在欧亚大陆以北的整个海域（图6.4～图6.6）。SSP5-8.5情景下，21世纪初期多模式集合平均结果与同期SSP1-2.6和SSP2-4.5情景下类似，21世纪中期北极可进入面积较前期显著增加，到21世纪末期，北冰洋全部海域基本均可进入，但格陵兰和加拿大北极群岛以北的海域以及北极点周边海域PC6船舶航行速度较慢（图6.7～图6.9）。

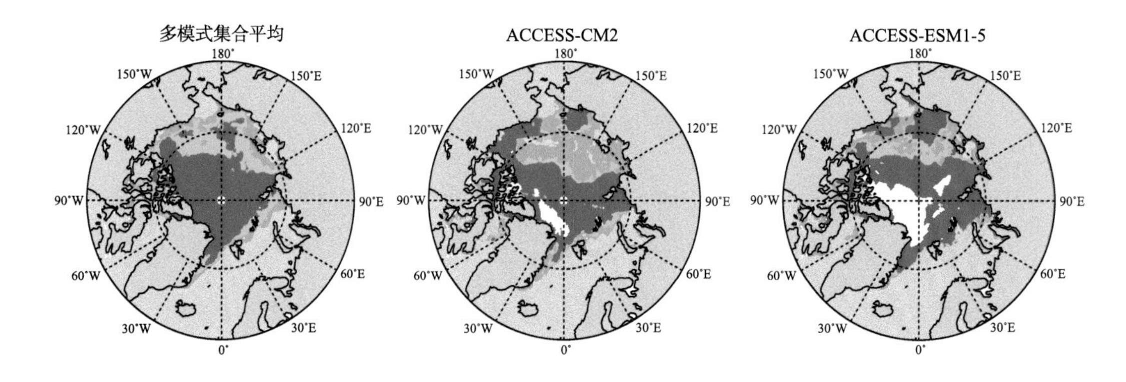

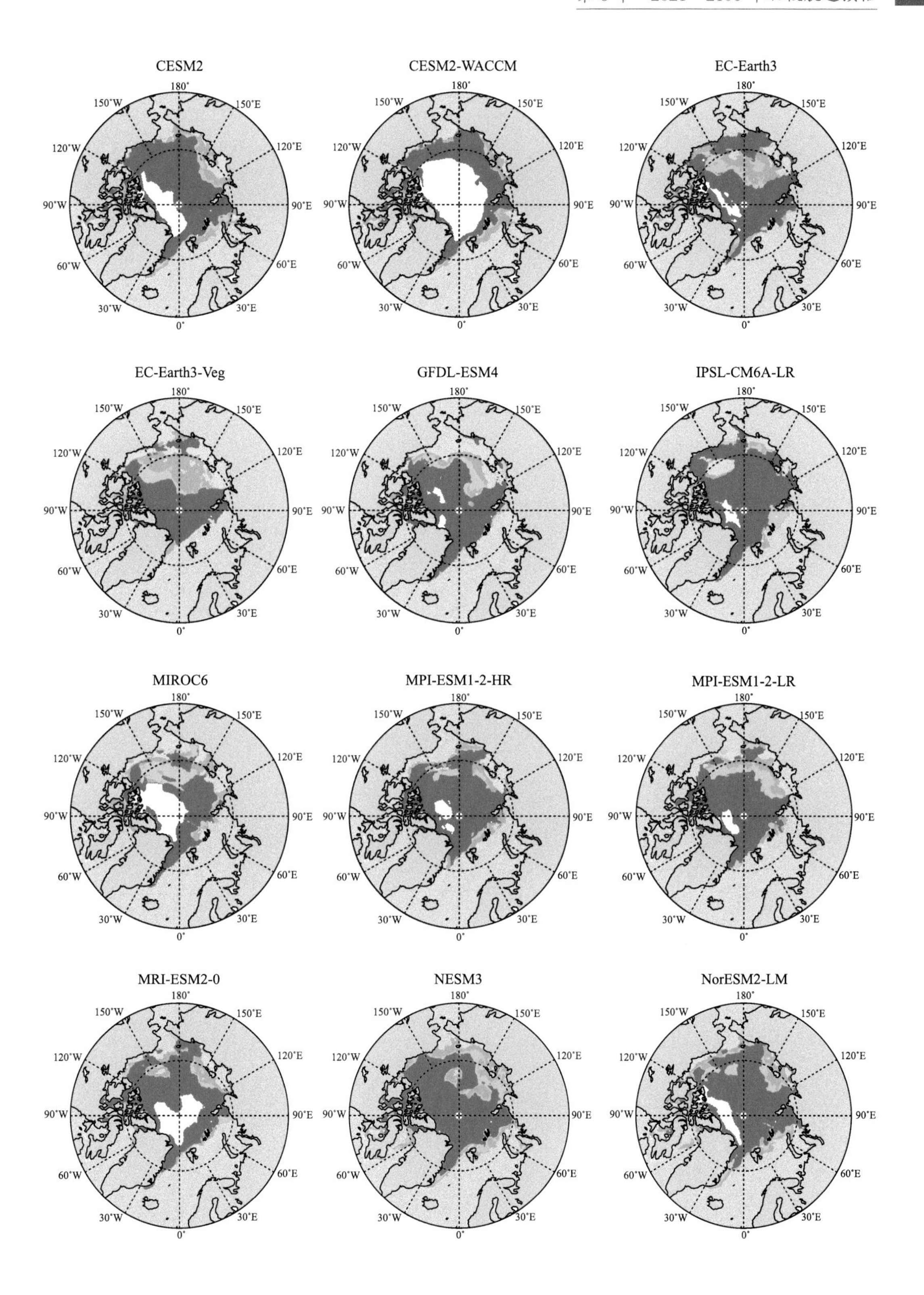
CESM2
CESM2-WACCM
EC-Earth3
EC-Earth3-Veg
GFDL-ESM4
IPSL-CM6A-LR
MIROC6
MPI-ESM1-2-HR
MPI-ESM1-2-LR
MRI-ESM2-0
NESM3
NorESM2-LM
180°
150°W
150°E
120°W
120°E
90°W
90°E
60°W
60°E
30°W
30°E
0°

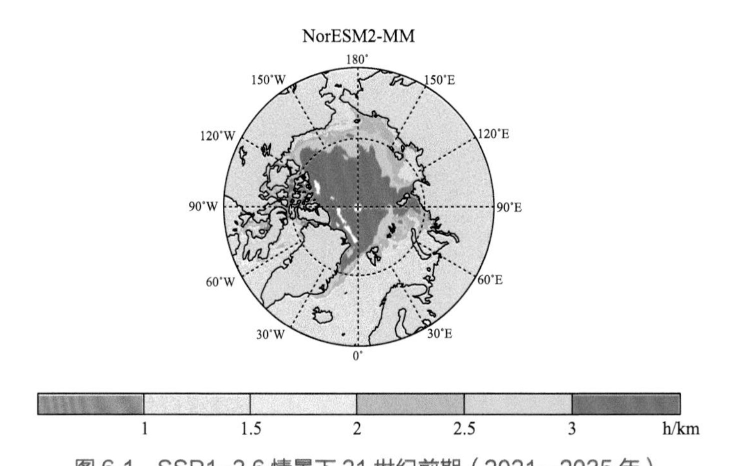

图 6.1　SSP1-2.6 情景下 21 世纪前期（2021—2035 年）

多模式集合和各模式模拟的 9 月 PC6 船舶的可进入性分布

（图中彩色填充值代表 PC6 船舶每航行 1 km 所需时间（单位：h/km），参考“数据和方法”一章，船速由海冰厚度、海冰密集度、船型共同决定。白色区域代表船速为 0，即不可航行；此外，船舶航行时间超过 3 h/km，远低于船舶正常行驶速度，即不便通航区域。余同）

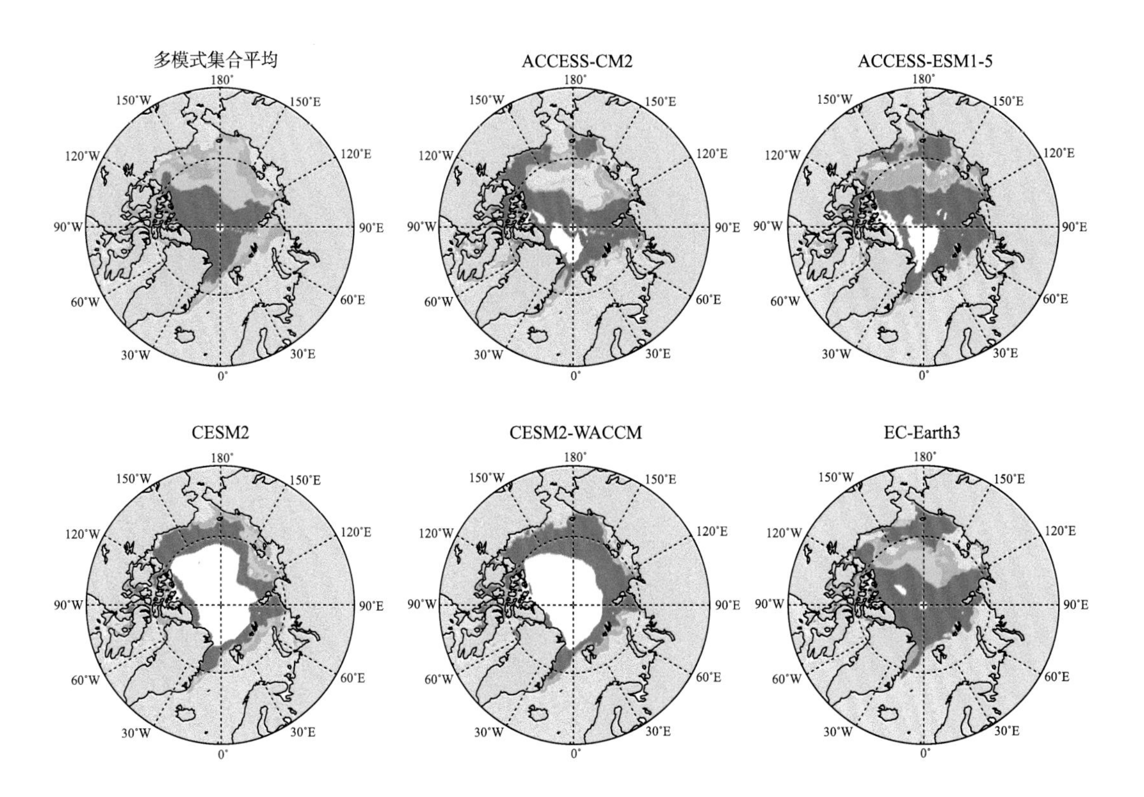

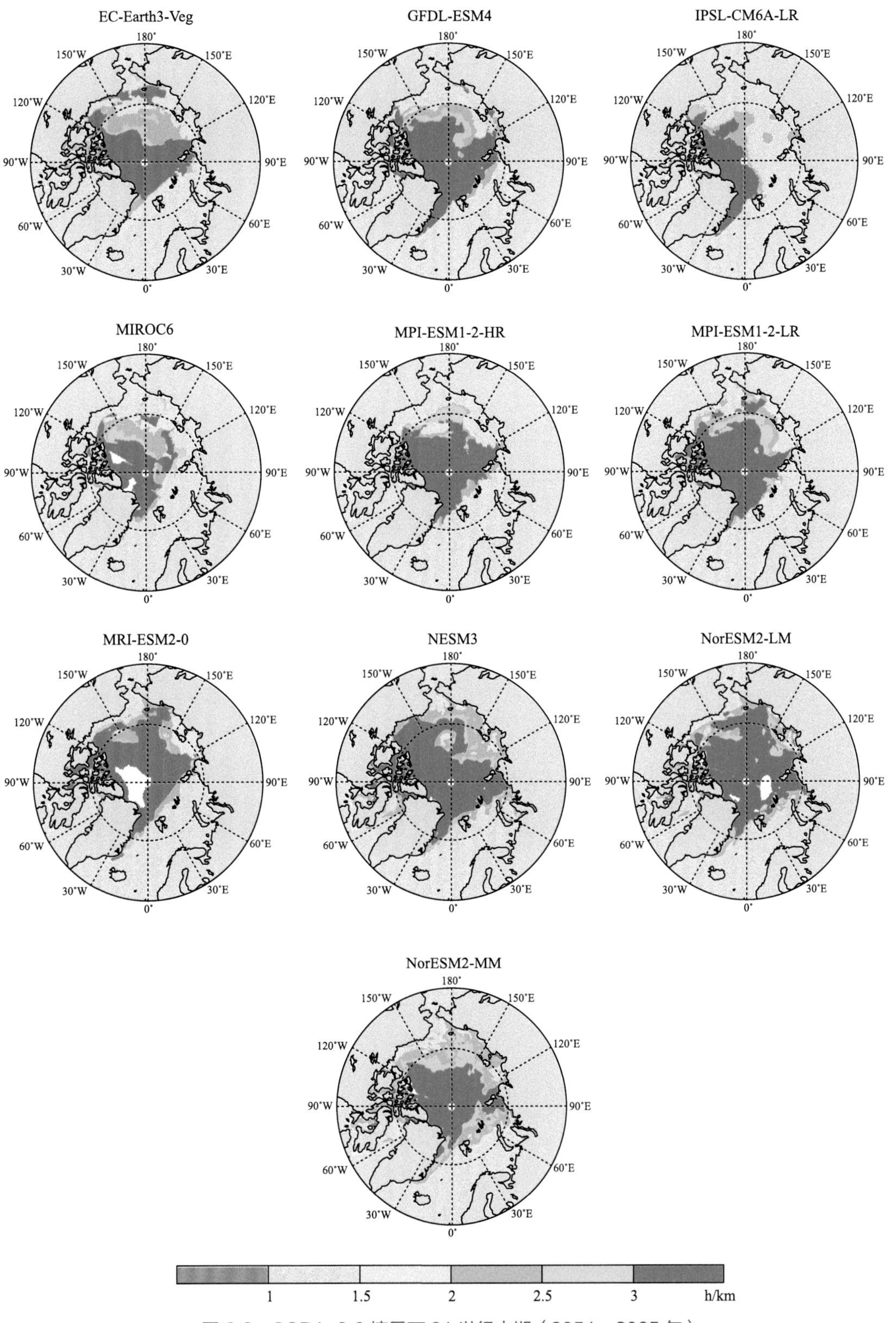

图 6.2　SSP1-2.6 情景下 21 世纪中期（2051—2065 年）
多模式集合和各模式模拟的 9 月 PC6 船的可进入性分布

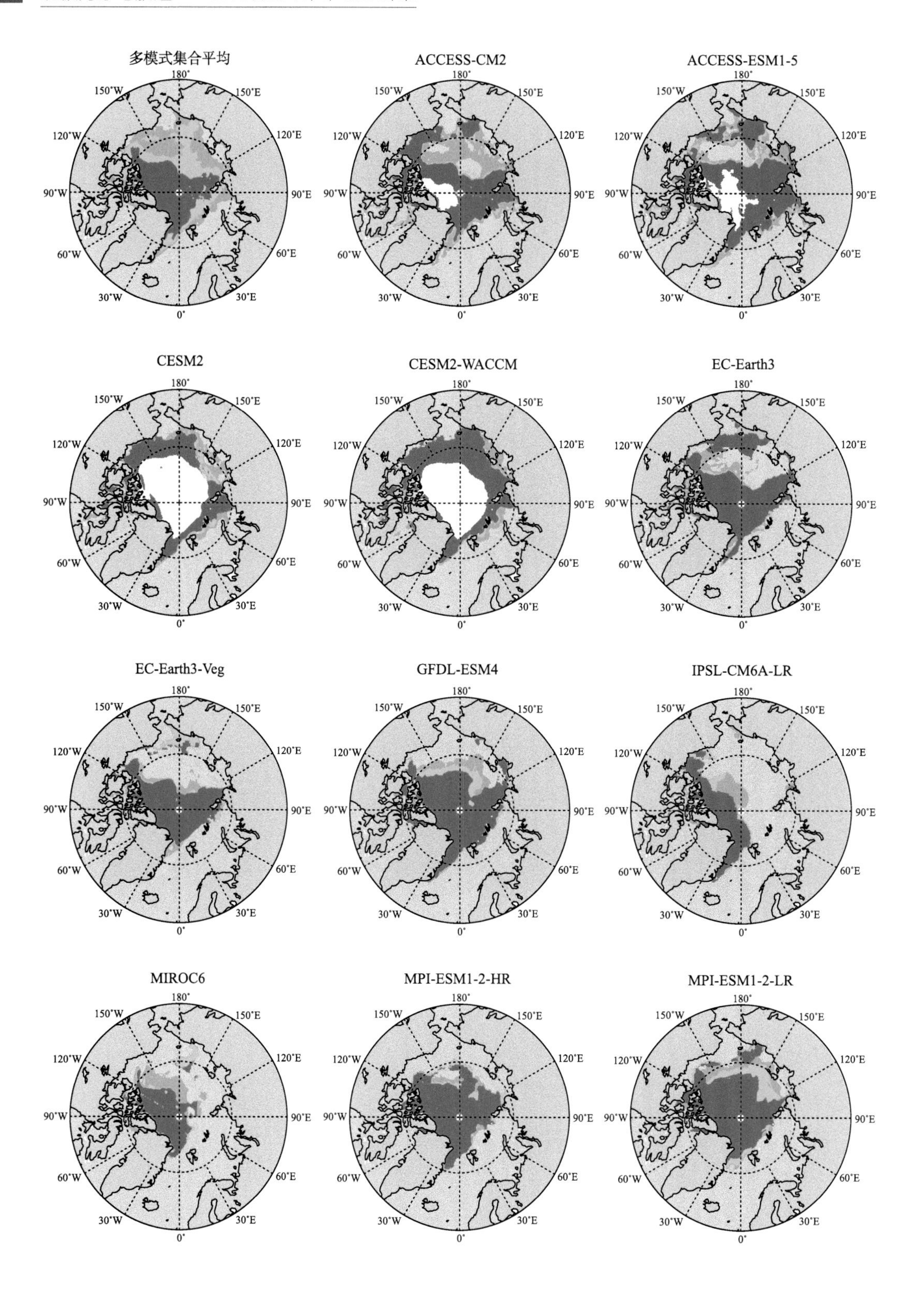
多模式集合平均
ACCESS-CM2
ACCESS-ESM1-5
CESM2
CESM2-WACCM
EC-Earth3
EC-Earth3-Veg
GFDL-ESM4
IPSL-CM6A-LR
MIROC6
MPI-ESM1-2-HR
MPI-ESM1-2-LR
180°
150°W
150°E
120°W
120°E
90°W
90°E
60°W
60°E
30°W
30°E
0°

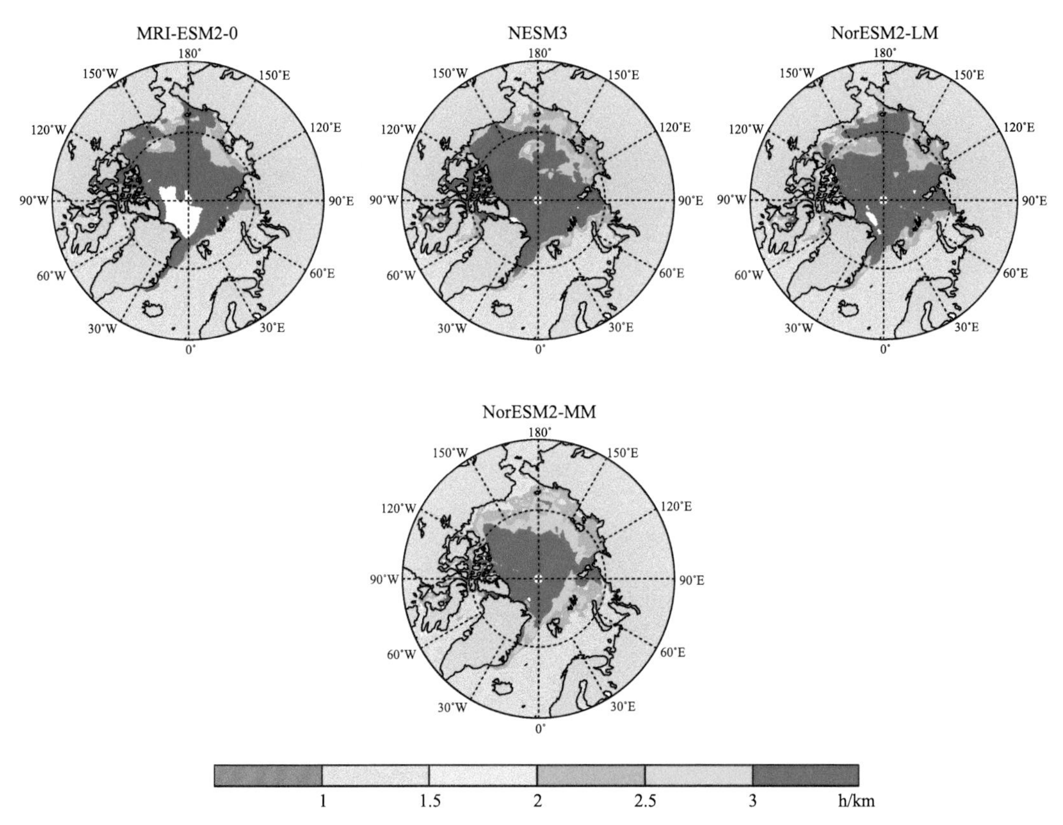

图 6.3　SSP1-2.6 情景下 21 世纪末期（2086—2100 年）
多模式集合和各模式模拟的 9 月 PC6 船的可进入性分布

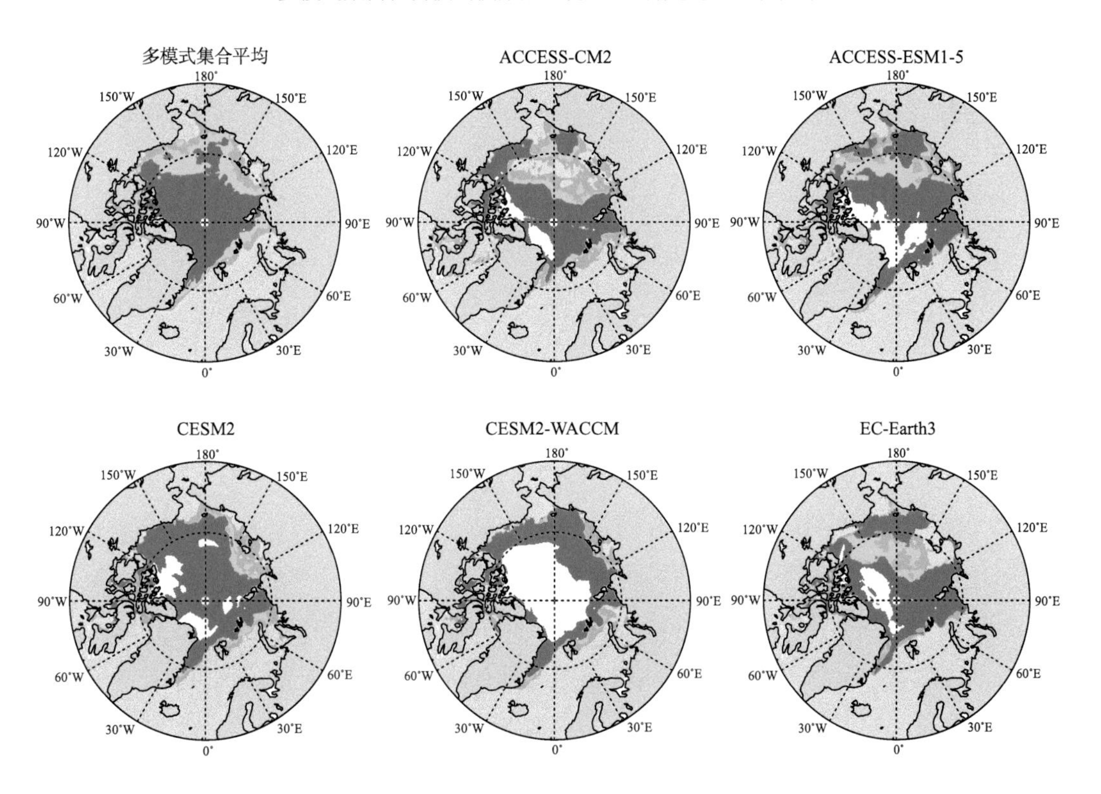

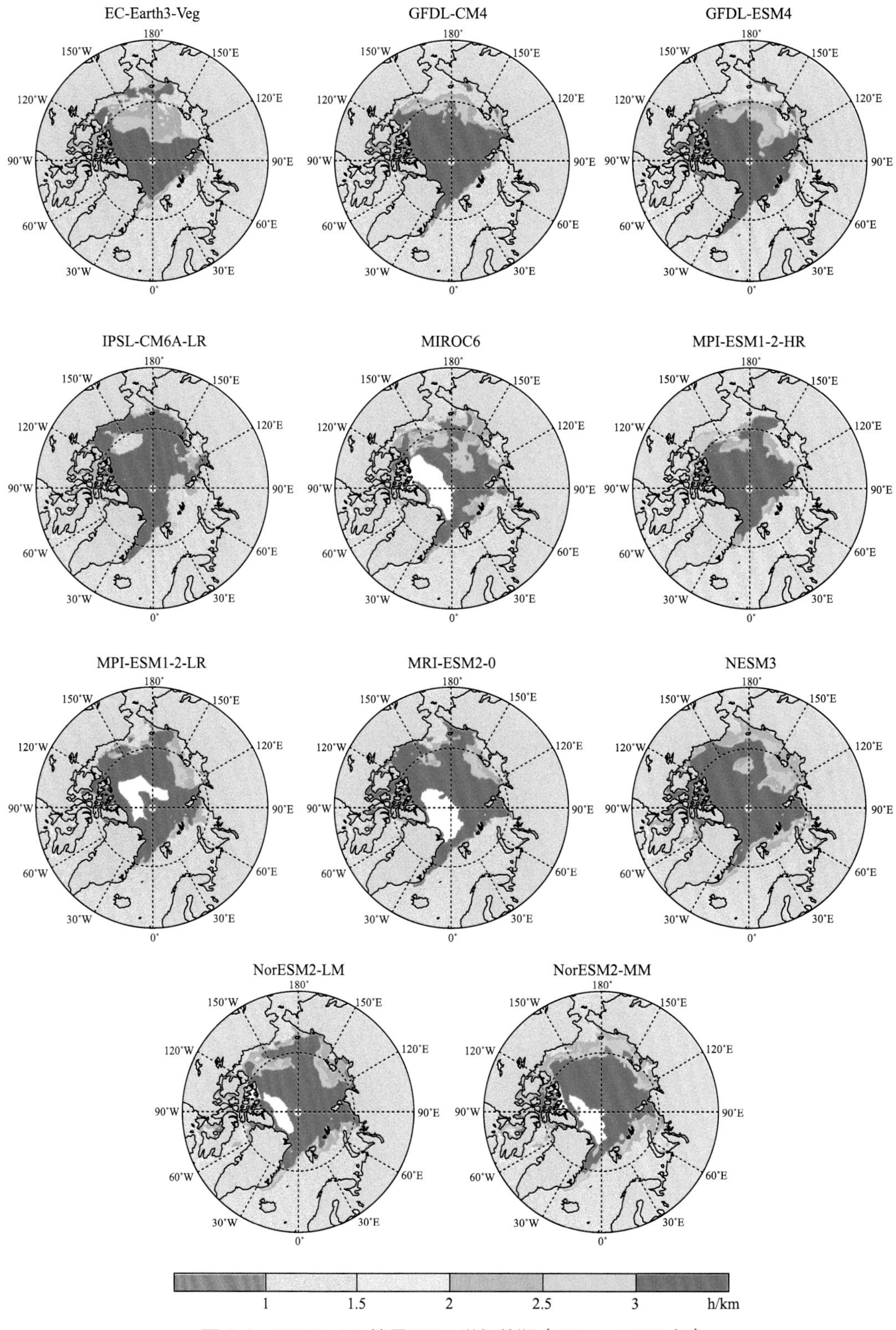

图 6.4 SSP2-4.5 情景下 21 世纪前期（2021—2035 年）
多模式集合和各模式模拟的 9 月 PC6 船舶的可进入性分布

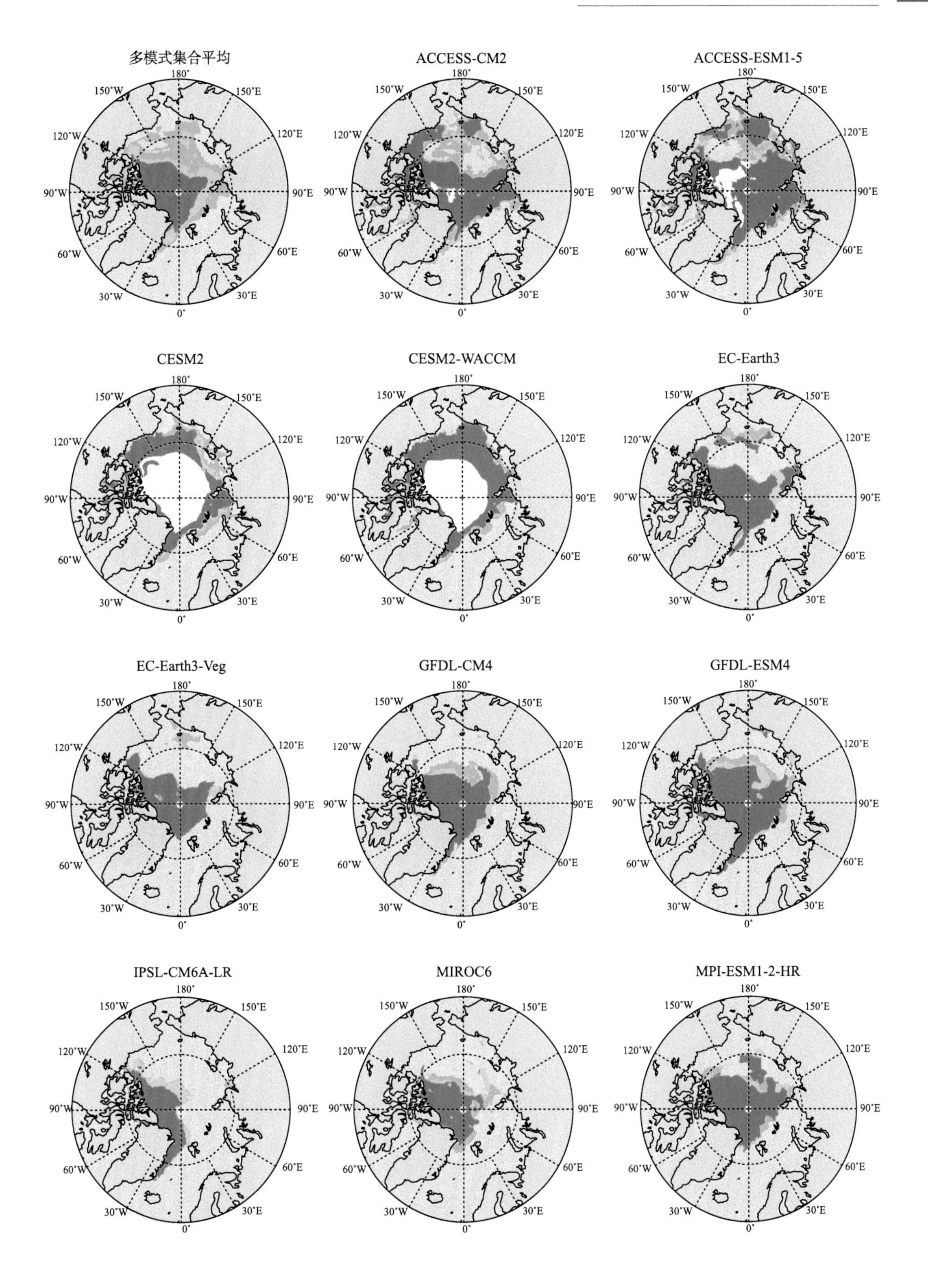

多模式集合平均
ACCESS-CM2
ACCESS-ESM1-5
CESM2
CESM2-WACCM
EC-Earth3
EC-Earth3-Veg
GFDL-CM4
GFDL-ESM4
IPSL-CM6A-LR
MIROC6
MPI-ESM1-2-HR
180°
150°W
150°E
120°W
120°E
90°W
90°E
60°W
60°E
30°W
30°E
0°

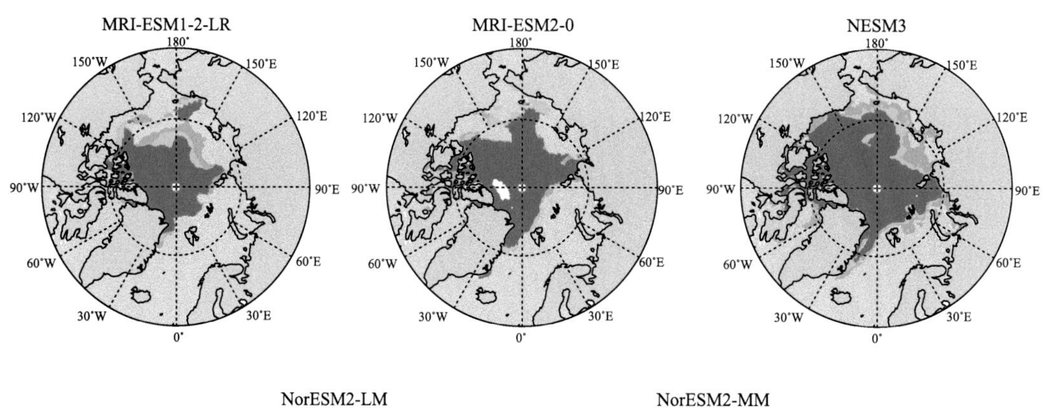

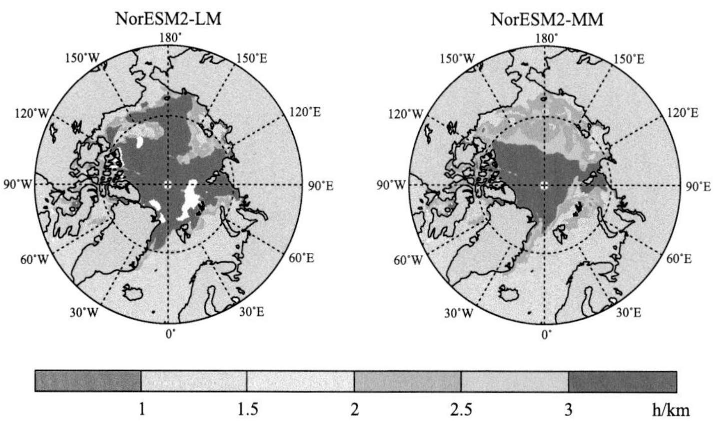

图 6.5　SSP2-4.5 情景下 21 世纪中期（2051—2065 年）多模式集合和各模式模拟的 9 月 PC6 船舶的可进入性分布

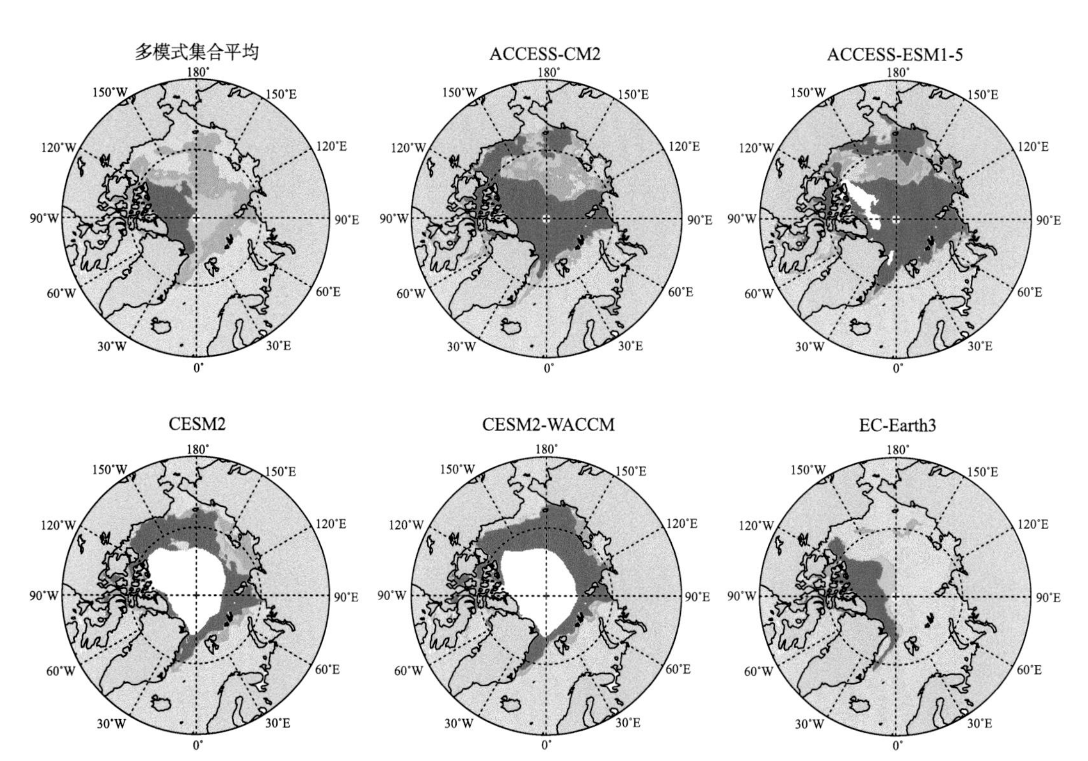

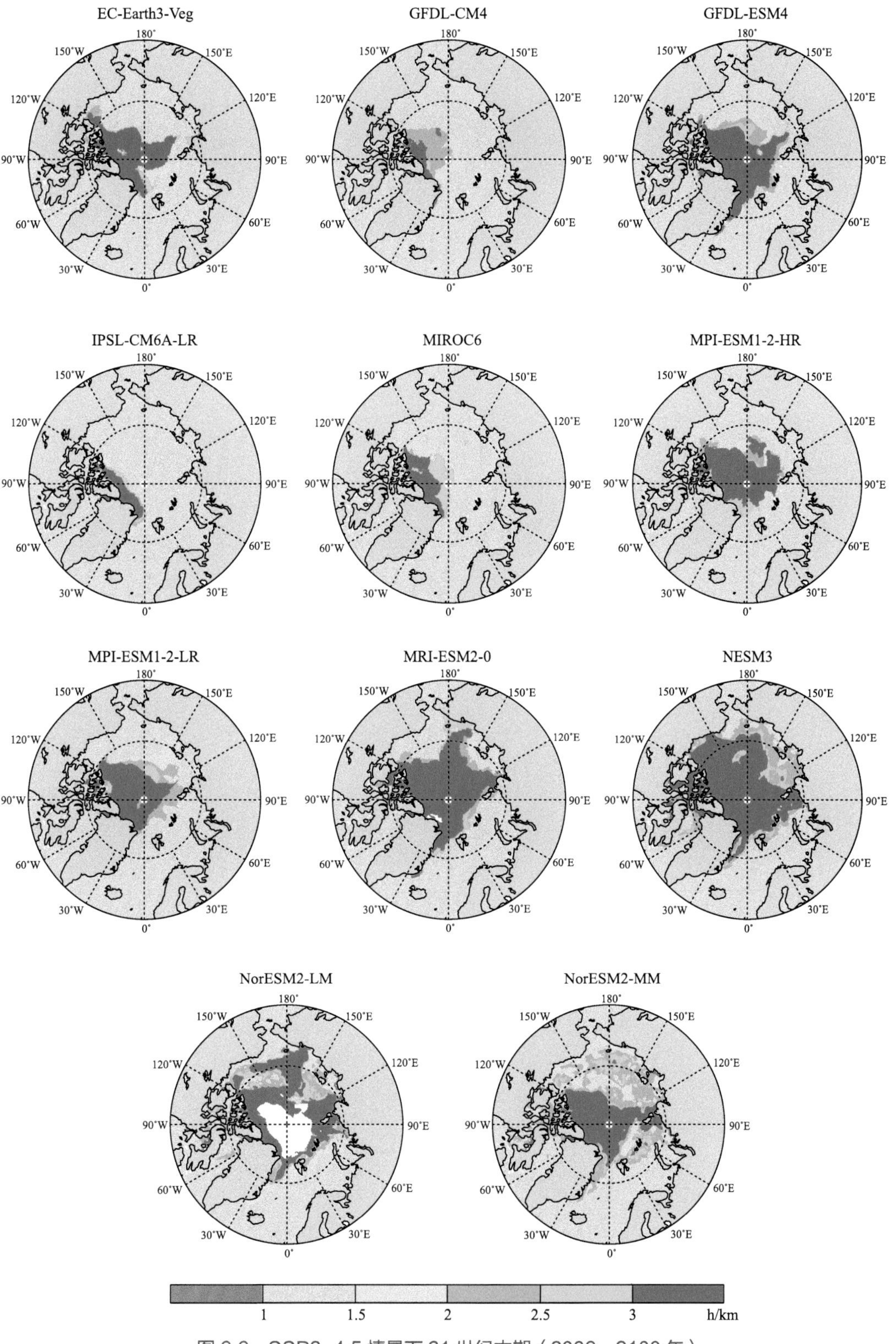

图 6.6　SSP2-4.5 情景下 21 世纪末期（2086—2100 年）
多模式集合和各模式模拟的 9 月 PC6 船舶的可进入性分布

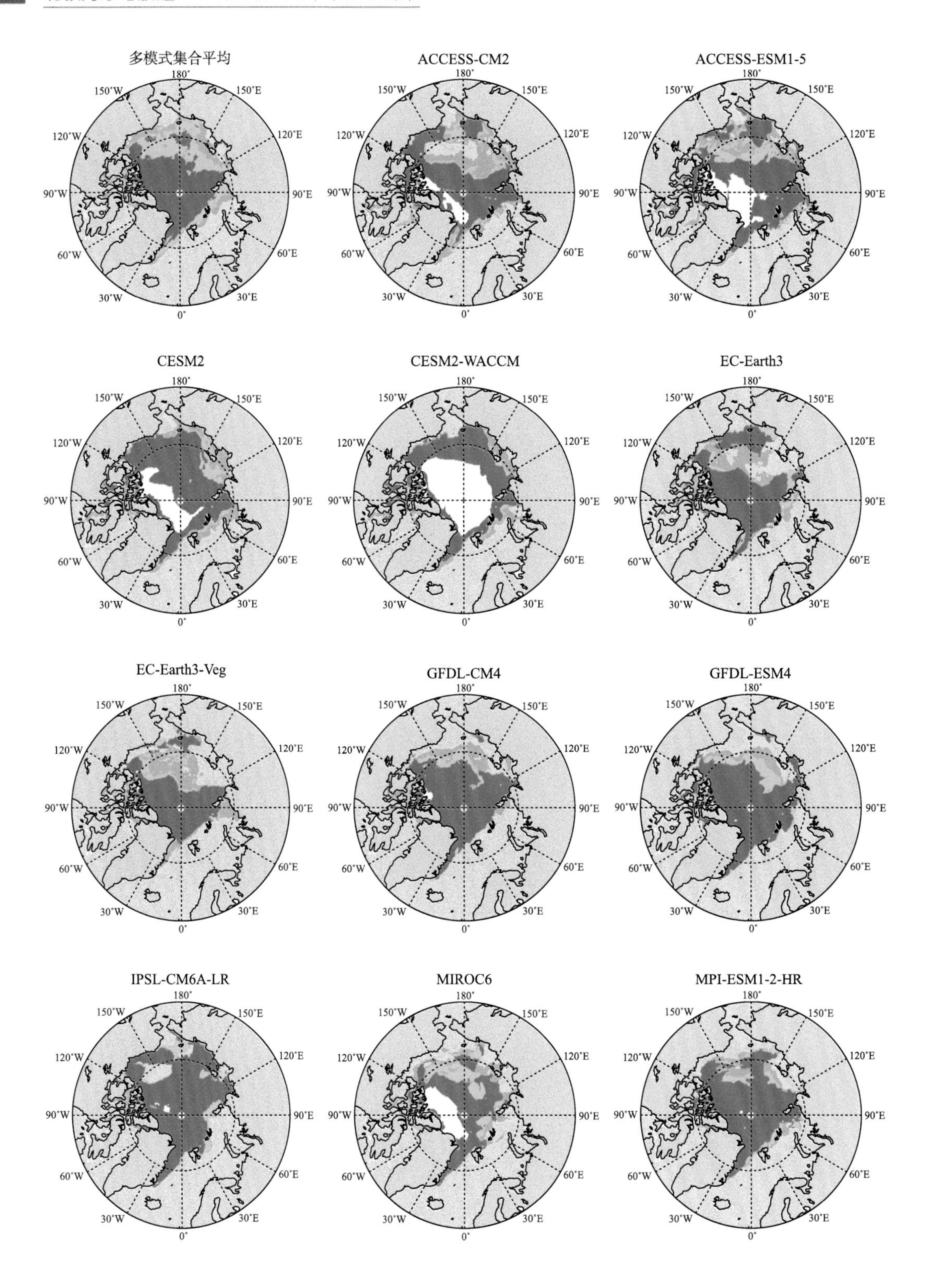
多模式集合平均
ACCESS-CM2
ACCESS-ESM1-5
CESM2
CESM2-WACCM
EC-Earth3
EC-Earth3-Veg
GFDL-CM4
GFDL-ESM4
IPSL-CM6A-LR
MIROC6
MPI-ESM1-2-HR
180°
150°W
150°E
120°W
120°E
90°W
90°E
60°W
60°E
30°W
30°E
0°

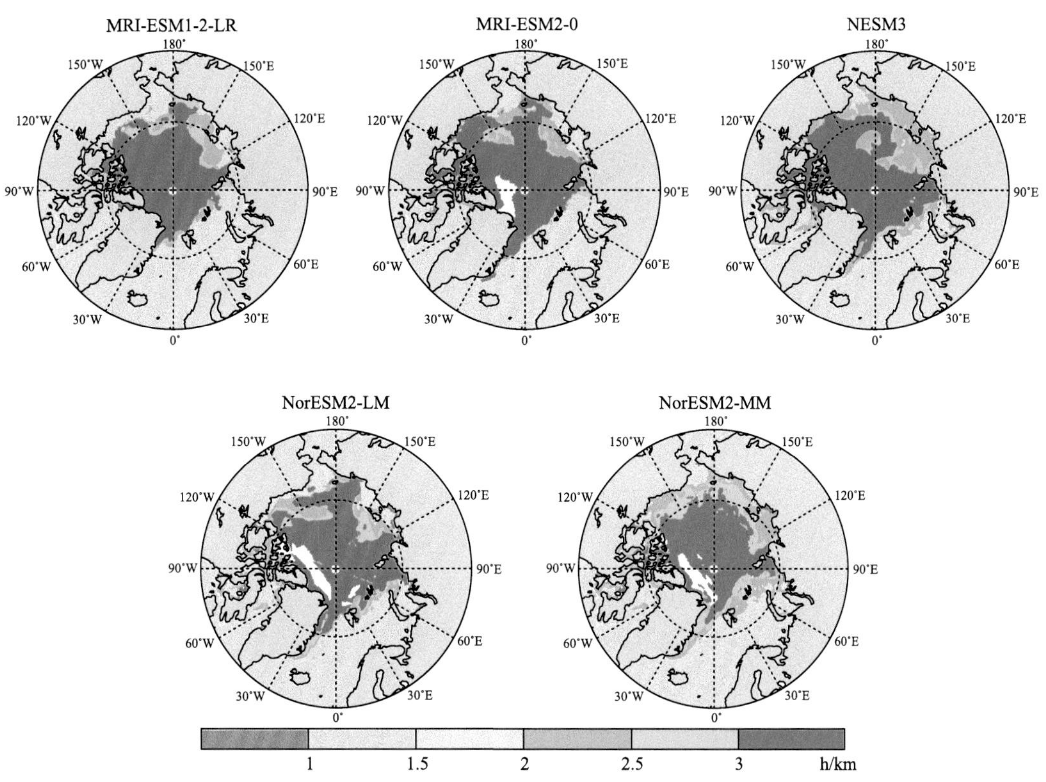

图 6.7　SSP5-8.5 情景下 21 世纪前期（2021—2035 年）
多模式集合和各模式模拟的 9 月 PC6 船舶的可进入性分布

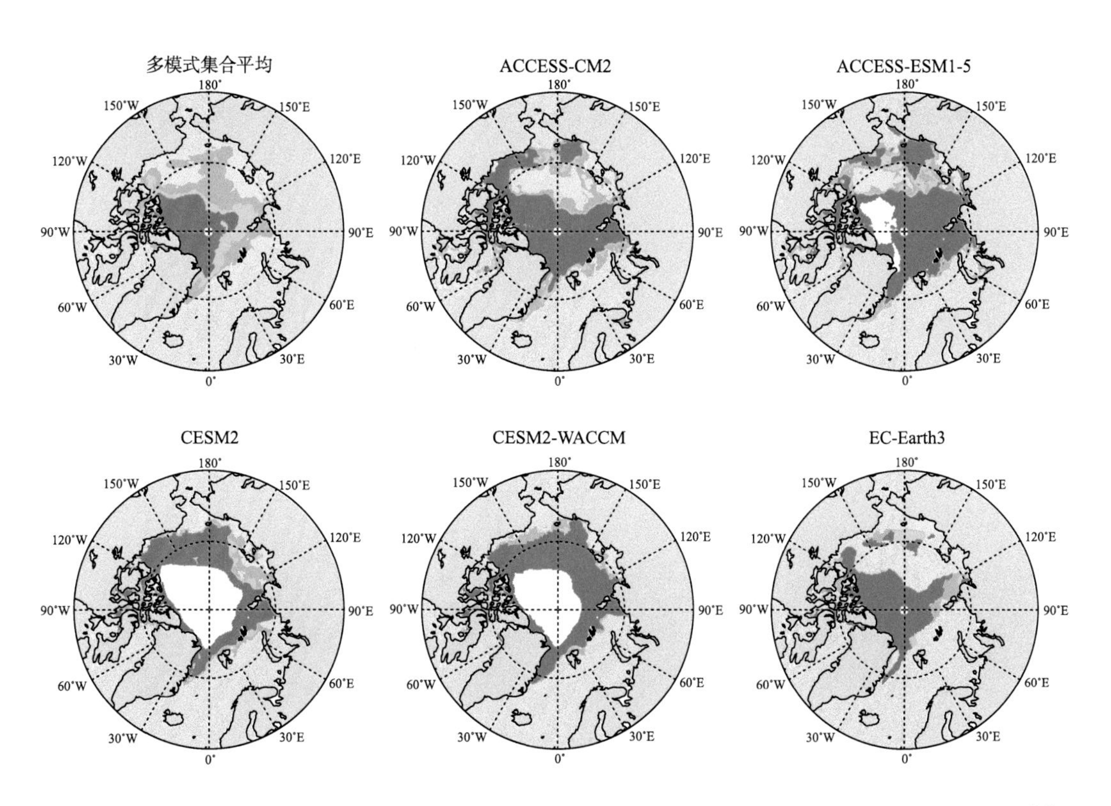

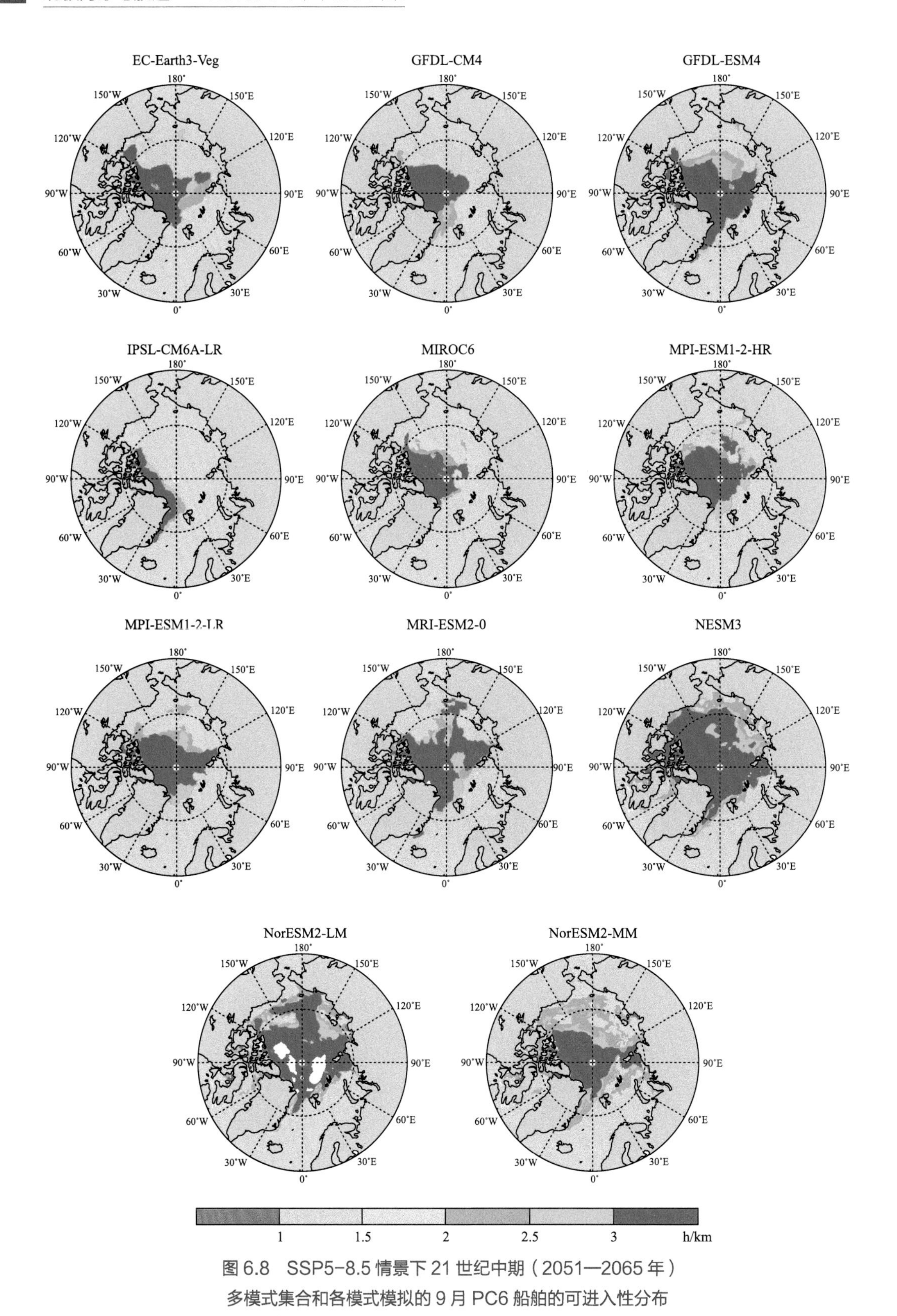

图 6.8　SSP5-8.5 情景下 21 世纪中期（2051—2065 年）
多模式集合和各模式模拟的 9 月 PC6 船舶的可进入性分布

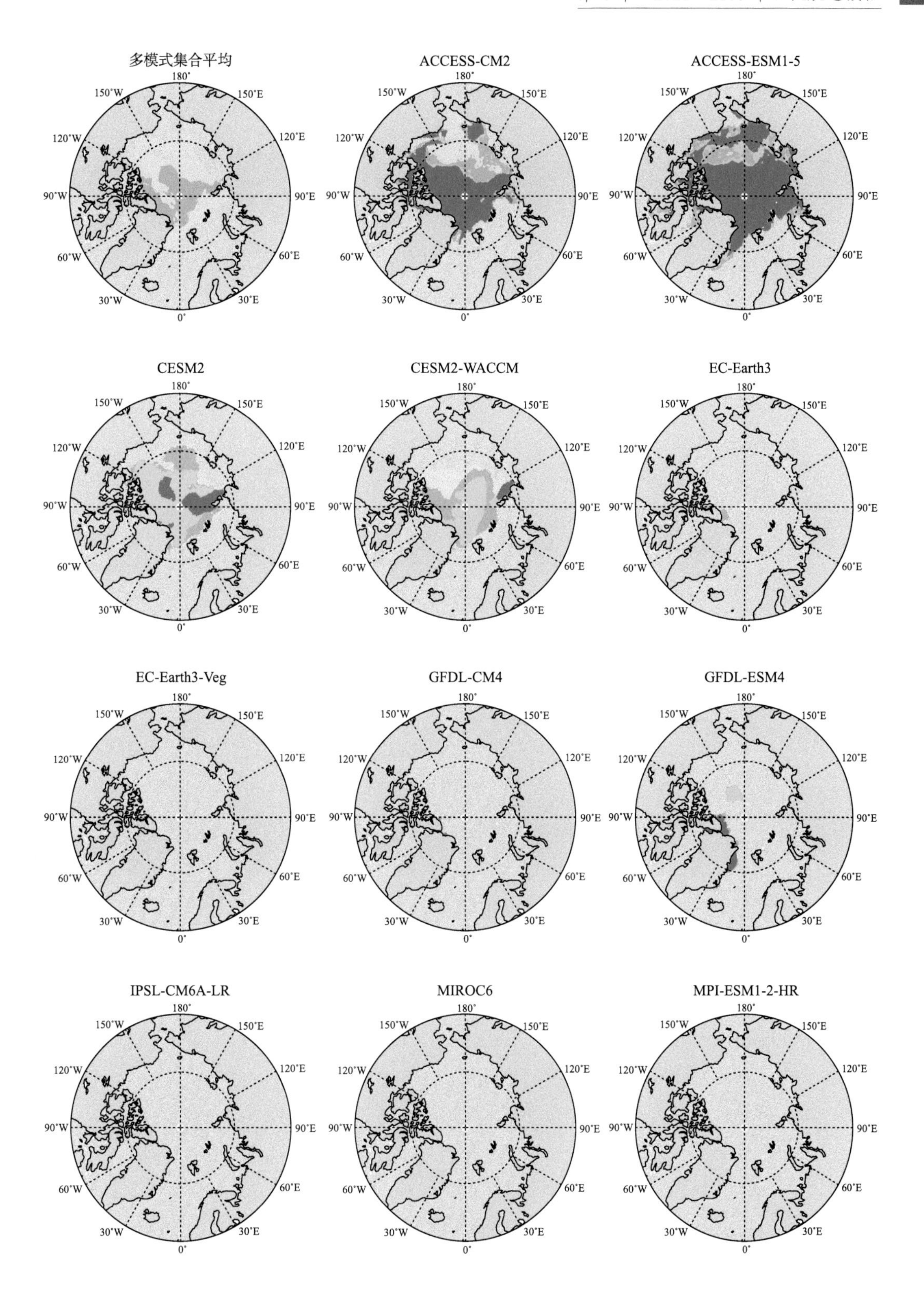
多模式集合平均
ACCESS-CM2
ACCESS-ESM1-5
CESM2
CESM2-WACCM
EC-Earth3
EC-Earth3-Veg
GFDL-CM4
GFDL-ESM4
IPSL-CM6A-LR
MIROC6
MPI-ESM1-2-HR
180°
150°W
150°E
120°W
120°E
90°W
90°E
60°W
60°E
30°W
30°E
0°

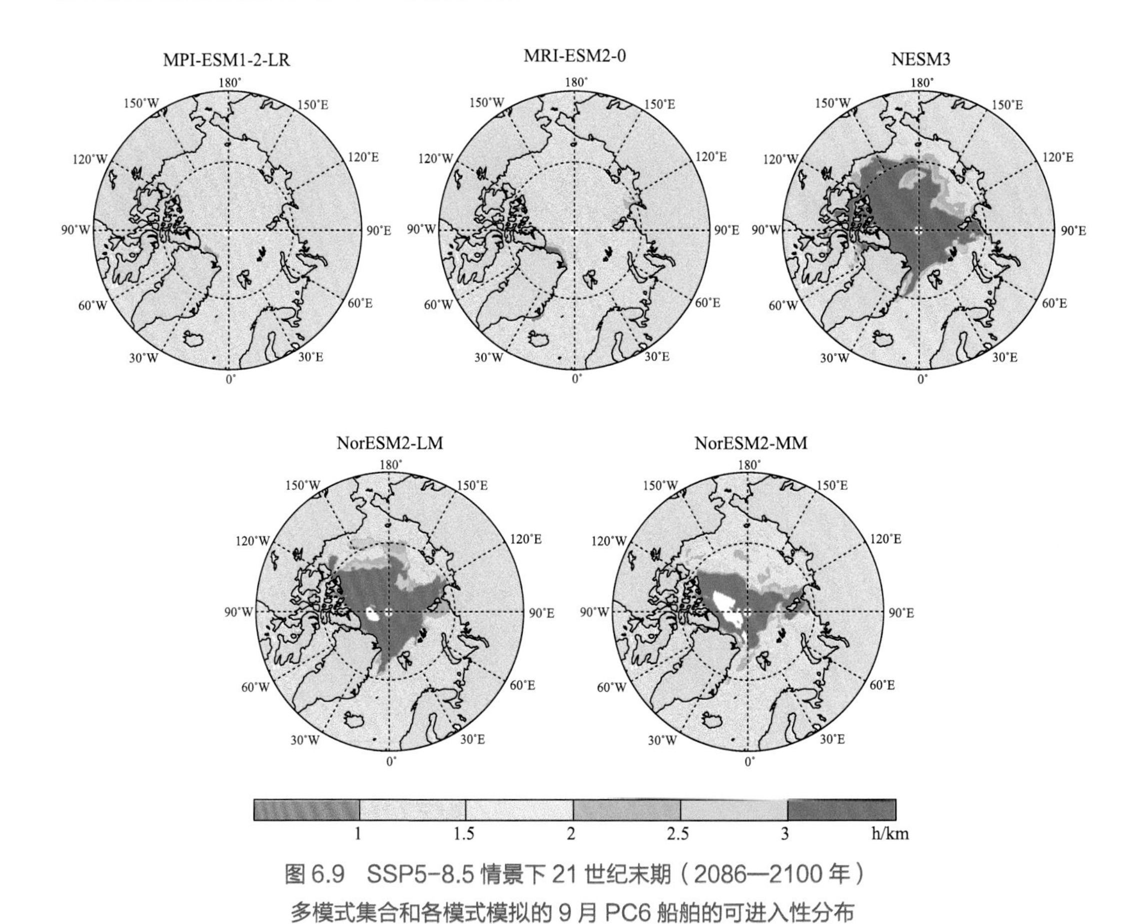

图 6.9　SSP5-8.5 情景下 21 世纪末期（2086—2100 年）
多模式集合和各模式模拟的 9 月 PC6 船舶的可进入性分布

6.2　北极航道航线及通航概率

图 6.10 显示，SSP1-2.6 情景下，北极航道通航路线将不会发生显著改变，东北航道保持当前路线，西北航道以南线为主。而 SSP2-4.5 和 SSP5-8.5 情景下，东北航道将逐渐向中央航道靠拢，最终与中央航道合并，西北航道将由南线为主转变为北线为主。

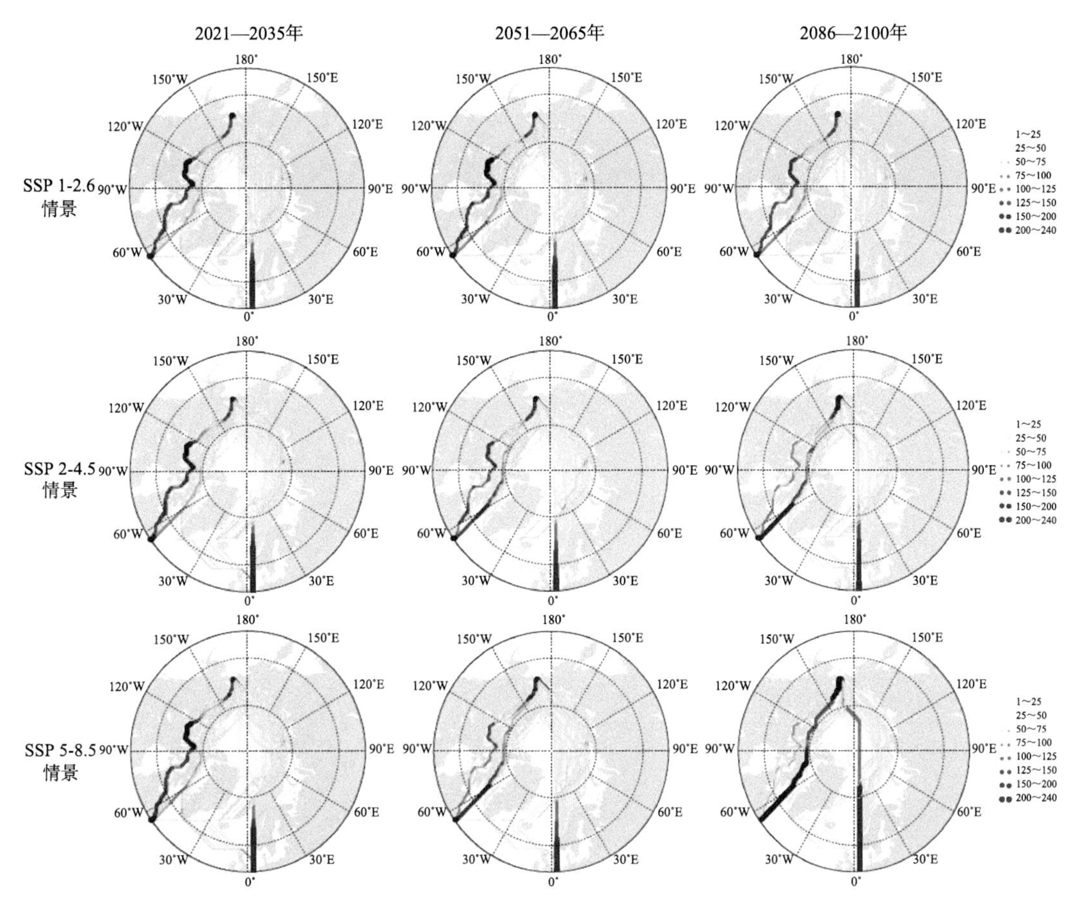

图 6.10　各情景下 21 世纪前期、中期和末期从 Halifax 到白令海峡（红线）和从鹿特丹到白令海峡（蓝线）的 PC6 船舶的最优航运路线

（每个时段包括 16 个 CMIP6 模式模拟的连续 15 年的 9 月，相当于 240 次模拟；线路权重表示使用相同路线的过境次数）

6.3　北极通航周期

在 SSP1-2.6 情景下，绝大多数模式预测到 2100 年北极航道通航季将长达半年。在 SSP2-4.5 情景下，16 个模式中 5 个预测 21 世纪中期到末期将能实现全年通航，其余 11 个模式显示，到 2100 年 PC6 船舶仍然在 3—5 月不能通航。SSP5-8.5 情景下，有 12 个模式模拟出北极航道将在 21 世纪中期到后期达到全年可通航，EC-Erath3 和 EC-Erath3-Veg 模拟出北极航道将在 21 世纪前期到中期实现全年开放，另有 GFDL-ESM4 和 MPI-ESM1-2-LR 模式模拟结果显示，21 世纪末 4 月仍然不能通航（图 6.11）。

由图 6.12 可知，在 SSP1-2.6，SSP2-4.5 和 SSP5-8.5 情景下，21 世纪末期 PC6 船舶可通航时间将分别达到 7 个月、9 个月和 12 个月。9 月通过中央航道的概率将由 21 世纪前期的约 2% 分别增长到 21 世纪末期的 14.7%、29.2% 和 67.5%。SSP5-8.5 情景下 21 世纪末期 4 月（通航概率最低的月份）中央航道的通航概率将达到 48.8%，9 月达到 76.7%。

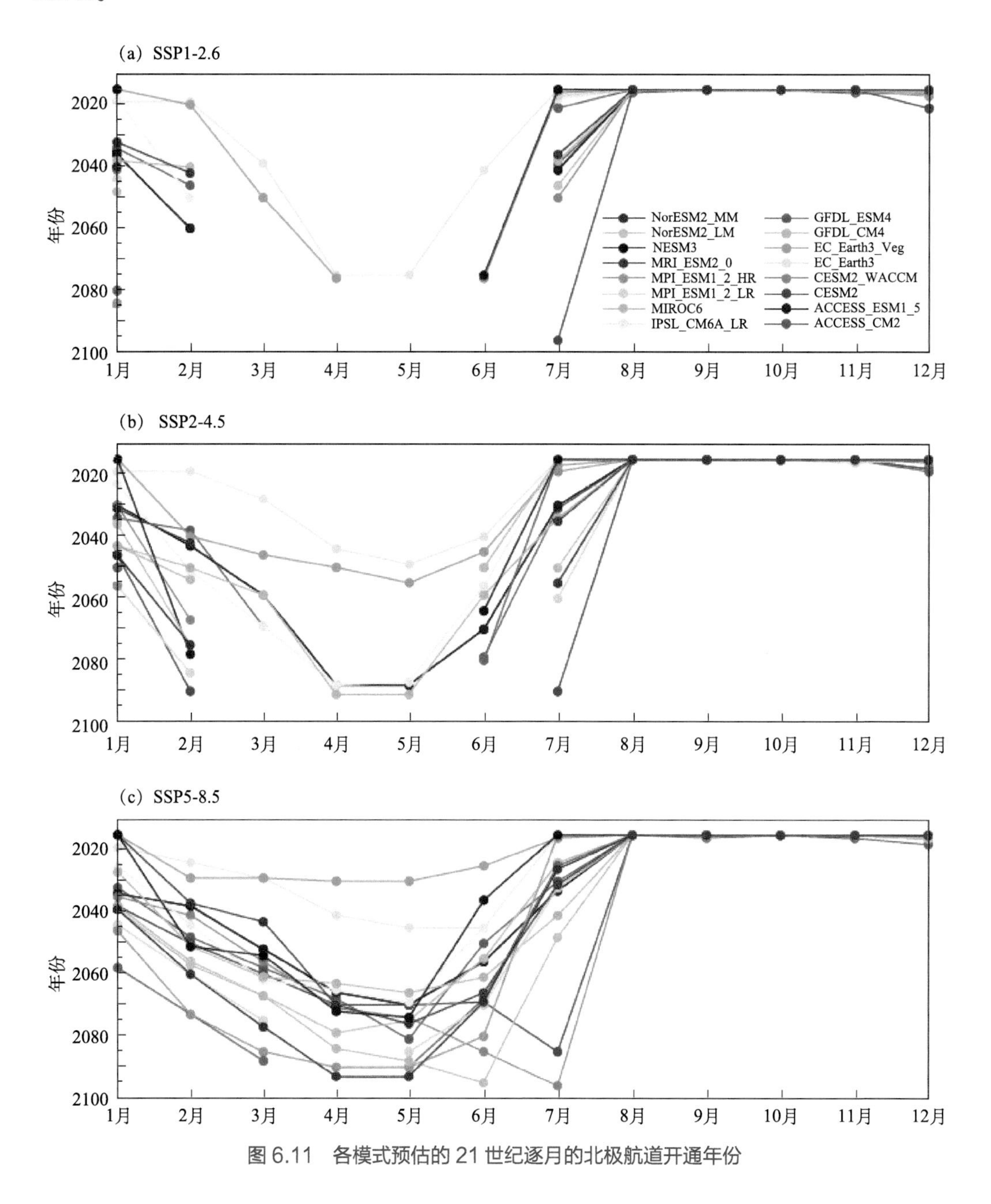

图 6.11　各模式预估的 21 世纪逐月的北极航道开通年份

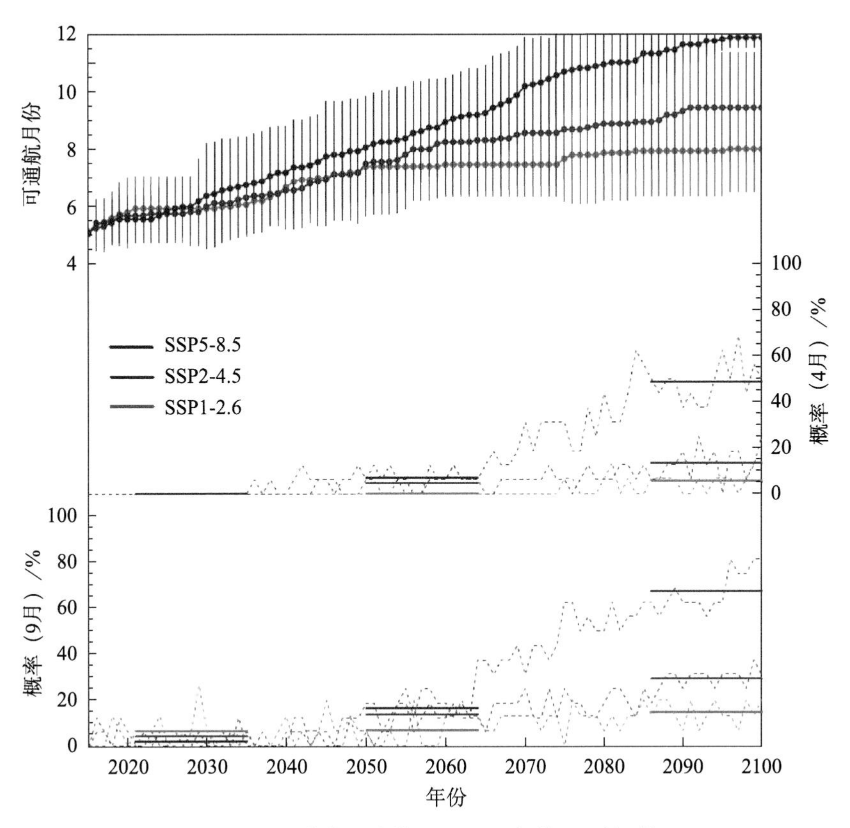

图 6.12　预估的三种情景下 PC6 船舶可通航时间
以及 4 月和 9 月通过中央航道的概率演变曲线
（图中粗点线表示多模式集合结果，细竖线表示标准偏差；中图和下图中短粗线分别表示 21 世纪前期、中期和末期的通航概率均值）

6.4　北极通航风险预估

西北航道北线涉及格陵兰岛和加拿大北极群岛，岛屿众多，地形和冰情复杂，可通航性差。CESM-LE 模拟结果（图 6.13）表明，到 2050 年 PC6 船舶在西北航道北线将达到理想的通航状态，OW 船舶将于 2080 年到达理想通航状态。通航季长度将呈线性增长，PC6 船舶和 OW 船舶在西北航道北线的通航季将在 2050 年分别达到 80 d/a 和 50 d/a，2100 年分别达到 200 d/a 和 180 d/a。

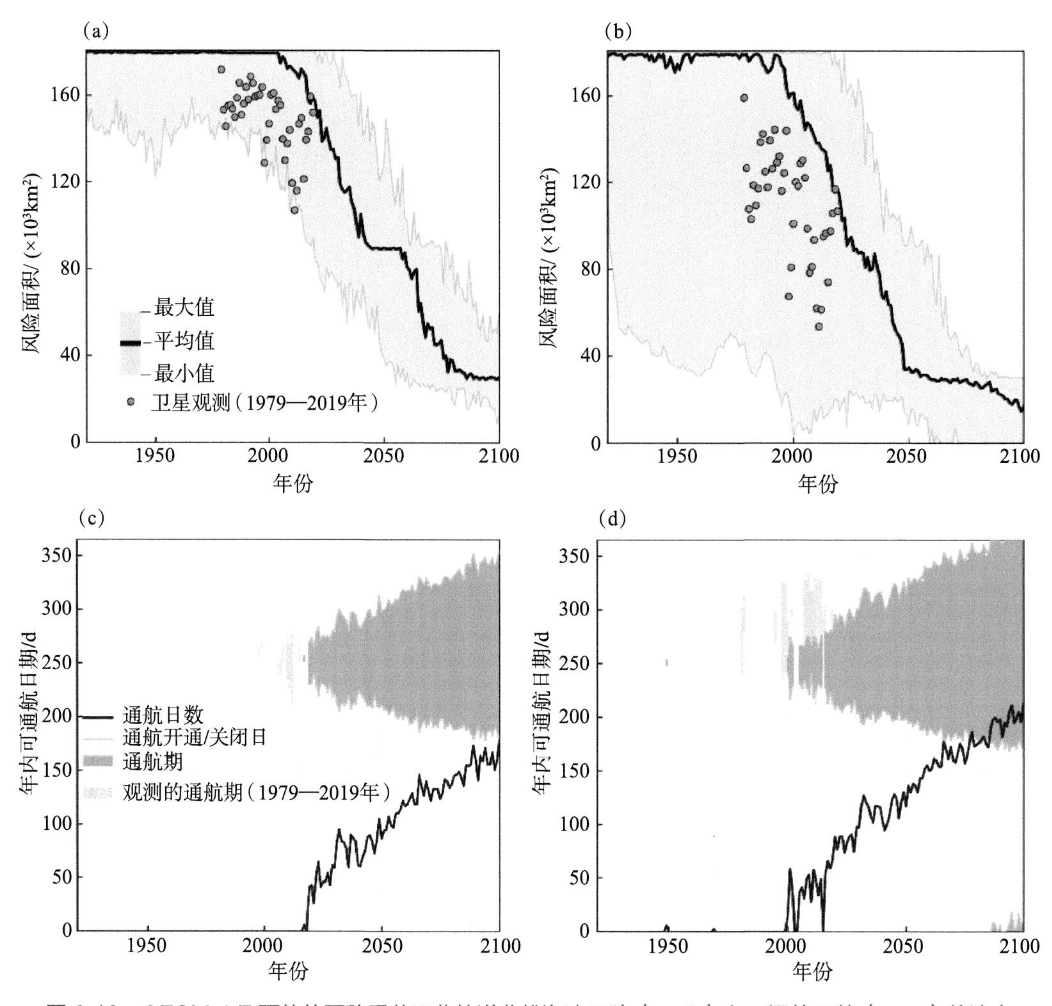

图 6.13 CESM-LE 预估的夏秋季节西北航道北线海冰风险（a，b）和可通航日数（c，d）的演变（a 和 c 针对 OW 船舶，b 和 d 针对 PC6 船舶）

参考资料

汪楚涯，杨元德，张建，等，2020. 基于遥感数据的北极西北航道海冰变化以及通航情况研究 [J]. 极地研究，32（2）：237-249.

BI D, DIX M, MARSLAND S, et al, 2020. Configuration and spin-up of ACCESS-CM2, the new generation Australian Community Climate and Earth System Simulator Coupled Model[J]. J Southern Hemis Earth Sys Sci, https://doi.org/10.1071/ES19040.

BLISS A, MILLER J, MEIER W, 2017. Comparison of passive microwave- derived early melt onset records on Arctic Sea Ice[J]. Remote Sensing, 9(3): 199.

BOUCHER O, SERVONNAT J, ALBRIGHT A L, et al, 2020. Presentation and evaluation of the IPSL - CM6A - LR climate model[J]. Journal of Advances in Modeling Earth Systems, 12(7): e2019MS002010.

CHNL, 2019. Ship traffic analysis on the Northern Sea Route[J]. https://arctic-lio.com/category/data_reports/

DANABASOGLU G, LAMARQUE J F, BACMEISTER J, et al, 2020. The community earth system model version 2(CESM2)[J]. Journal of Advances in Modeling Earth Systems, 12(2): e2019MS001916.

DÖSCHER R, ACOSTA M, ALESSANDRI A, et al, 2022. The EC-earth3 Earth system model for the climate model intercomparison project 6[J]. Geoscientific Model Development, 15: 2973-3020.

DUNNE J P, HOROWITZ L W, ADCROFT A J, et al, 2020. The GFDL Earth System Model version 4.1(GFDL - ESM 4.1): Overall coupled model description and simulation characteristics[J]. Journal of Advances in Modeling Earth Systems, 12(11): e2019MS002015.

EGUÍLUZ V M, FERNÁNDEZ-GRACIA X, IRIGOIEN, et al, 2016. A quantitative assessment of Arctic shipping in 2010–2014[J]. Scientific Reports, 6:30682.

FLATO G M, HIBLER W D III, 1995. Ridging and strength in modeling the thickness distribution of Arctic sea ice[J]. J Geophys Res, 100(C9):18611-18626.

HELD I M, GUO H, ADCROFT A, et al, 2019. Structure and performance of GFDL's CM4.0 climate model[J]. Journal of Advances in Modeling Earth Systems, 11(11): 3691-3727.

HOWELL S E, YACKEL J J, 2004. A vessel transit assessment of sea ice variability in the Western Arctic, 1969-2002: implications for ship navigation[J]. Canadian Journal of Remote Sensing, 30(2): 205-215.

LIU T, WANG M, WANG Z, et al, 2022. Joint total variation with nonnegative constrained least square for sea ice concentration estimation in low concentration areas of Antarctica[J]. IEEE Geoscience and Remote Sensing Letters, 19: 2000505.

MARSH D R, MILLS M J, KINNISON D E, et al, 2013. Climate change from 1850 to 2005 simulated in CESM1(WACCM)[J]. Journal of Climate, 26(19): 7372-7391.

MAURITSEN T, BADER J, BECKER T, et al, 2019. Developments in the MPI - M Earth System Model version 1.2(MPI - ESM1. 2) and its response to increasing CO_2 [J]. Journal of Advances in Modeling Earth Systems, 11(4): 998-1038.

MOON T A, DRUCKENMILLER M L, THOMAN R L, 2021. Arctic Report Card 2021[R/OL]. https://doi.org/10.25923/5s0f-5163.

MORTIN J, SVENSSON G, GRAVERSEN R G, et al, 2016. Melt onset over Arctic sea ice controlled by atmospheric moisture transport[J]. Geophysical Research Letters, 43(12): 6636-6642.

MÜLLER W A, JUNGCLAUS J H, MAURITSEN T, et al, 2018. A higher - resolution version of the max planck institute earth system model(MPI - ESM1. 2 - HR)[J]. Journal of Advances in Modeling Earth Systems, 10(7): 1383-1413.

PAME, 2020. The Increase in Arctic Shipping 2013-2019[R/OL]. Arctic shipping status reports(ASSR)#1. https://pame.is/projects/arctic-marine-shipping/arctic-shipping-status-reports.

PARKINSON C L, 2014. Spatially mapped reductions in the length of the Arctic sea ice season[J]. Geophysical Research Letters, 41(12): 4316-4322.

PENG G, STEELE M, BLISS A C, et al, 2018. Temporal means and variability of Arctic sea ice melt and freeze season climate indicators using a satellite climate data record[J]. Remote Sensing, 10(9): 1328.

PEROVICH D, et al, 2020. The Arctic: Sea ice[C]//in “State of the Climate in 2019”. Bulletin of the American Meteorological Society, 101(8): S251–S253.

SCHWEIGER A, LINDSAY R W, ZHANG J, et al, 2011. Uncertainty in modeled Arctic sea ice volume J[J]. Geophys Res, 116: C00D06.

SELAND Ø, BENTSEN M, OLIVIÉ D, et al, 2020. Overview of the Norwegian Earth System Model(NorESM2) and key climate response of CMIP6 DECK, historical, and scenario simulations[J]. Geoscientific Model Development, 13(12): 6165-6200.

STEPHENSON S R, SMITH L C, AGNEW J, 2011. Divergent long-term trajectories of human access to the Arctic[J]. Nature Climate Change, 1: 156-160.

STROEVE J, BARRETT A P, SERREZE M C, et al, 2014. Using records from submarine, aircraft and satellites to evaluate climate model simulations of Arctic sea ice thickness[J]. Cryosphere, 8:1839-1854.

TATEBE H, OGURA T, NITTA T, et al, 2019. Description and basic evaluation of simulated mean state, internal variability, and climate sensitivity in MIROC6[J]. Geoscientific Model Development, 12(7): 2727-2765.

WEI T, YAN Q, QI W, et al, 2020. Projections of Arctic sea ice conditions and shipping routes in the twenty-first century using CMIP6 forcing scenarios[J]. Environmental Research Letters, 15: 104079.

WYSER K, KJELLSTRÖM E, KOENIGK T, et al, 2020. Warmer climate projections in EC-Earth3-Veg: the role of changes in the greenhouse gas concentrations from CMIP5 to CMIP6[J]. Environmental Research Letters, 15(5): 054020.

YANG Y M, WANG B, CAO J, et al, 2020. Improved historical simulation by enhancing moist physical parameterizations in the climate system model NESM3. 0[J]. Climate Dynamics, 54:3819-3840.

YUKIMOTO S, KAWAI H, KOSHIRO T, et al, 2019. The Meteorological Research Institute Earth System Model version 2.0(MRI-ESM2. 0): Description and basic evaluation of the physical component[J]. Journal of the Meteorological Society of Japan. Ser. II, 97(5): 931-965.

ZHANG J L, ROTHROCK D A, 2003. Modeling global sea ice with a thickness and enthalpy distribution model in generalized curvilinear coordinates[J]. Mon Weather Rev, 131: 845-861.

ZIEHN T, CHAMBERLAIN M A, LAW R M, et al, 2020. The Australian earth system model: ACCESS-ESM1.5[J]. Journal of Southern Hemisphere Earth Systems Science, 70(1): 193-214.